序

AI 人工智慧時代來臨,需選用正確工具,才能迎向新的機會與挑戰,避免被機器人取代! 筆者從事 AI 人工智慧內部稽核與作業風險預估相關工作多年,JCAATs 為 AI 語言 Python 所開發的新一代稽核軟體,可同時於 PC 或 MAC 環境執行,除具備傳統電腦輔助稽核工具(CAATs)的數據分析功能外,更包含許多人工智慧功能,如文字探勘、機器學習、資料爬蟲等,讓稽核分析可以更加智慧化。

透過 AI 稽核軟體 JCAATs,可分析大量資料,其開放式資料架構,可與多種資料庫、雲端資料源、不同檔案類型及 ACL 軟體介接,讓稽核資料的收集與融合更方便與快速,繁體中文與視覺化的使用者介面,讓不熟悉 Python 語言的稽核人員也可以透過此介面的簡易操作,輕鬆快速產出 Python 稽核程式,並可與廣大免費之開源 Python 程式資源整合,讓您的稽核程式具備擴充性和開放性,不再被少數軟體所限制。

SAP 是目前企業使用最普遍的 ERP 系統,其由 R3 版到目前最新版的 HANA 版,數以萬計的 Table 不容易熟悉與了解,致查核人員對 SAP 常有「不知從何開始查核的疑慮」?Jacksoft AI 稽核學院準備一系列 SAP ERP 電腦稽核實務課程,透過最新的人工智慧稽核技術與實務演練教學方式,可有效協助廣大使用 SAP ERP 系統的企業,善用資料分析與智能稽核,快速掌握風險,提升價值。。

本教材以重複付款查核為實例演練重點,為許多稽核專家所列出來,急需要進行前十大項電腦稽核項目之一。此教材經 ICAEA 國際電腦稽核教育協會認證並檢附完整實例練習資料,由具備國際專業的稽核實務顧問群精心編撰並可透過申請取得 AI 稽核軟體 JCAATs 教育版,帶領您體驗如何利用 AI 稽核軟體 JCAATs 快速對 SAP ERP 內的大數據資料進行分析與查核,快速找出異常掌握風險,歡迎會計師、內外部稽核人員、財會單位、公司治理專責人員、管理階層、大專院校師生及對智能稽核有興趣深入了解者,共同學習與交流。

JACKSOFT 傑克商業自動化股份有限公司
黃秀鳳總經理
2023/02/07

電腦稽核專業人員十誡

　　ICAEA 所訂的電腦稽核專業人員的倫理規範與實務守則，以實務應用與簡易了解為準則，一般又稱為『電腦稽核專業人員十誡』。 其十項實務原則說明如下：

1. 願意承擔自己的電腦稽核工作的全部責任。

2. 對專業工作上所獲得的任何機密資訊應要確保其隱私與保密。

3. 對進行中或未來即將進行的電腦稽核工作應要確保自己具備有足夠的專業資格。

4. 對進行中或未來即將進行的電腦稽核工作應要確保自己使用專業適當的方法在進行。

5. 對所開發完成或修改的電腦稽核程式應要盡可能的符合最高的專業開發標準。

6. 應要確保自己專業判斷的完整性和獨立性。

7. 禁止進行或協助任何貪腐、賄賂或其他不正當財務欺騙性行為。

8. 應積極參與終身學習來發展自己的電腦稽核專業能力。

9. 應協助相關稽核小組成員的電腦稽核專業發展，以使整個團隊可以產生更佳的稽核效果與效率。

10. 應對社會大眾宣揚電腦稽核專業的價值與對公眾的利益。

目錄

Python Based 人工智慧稽核軟體

運用AI人工智慧協助SAP ERP重複付款電腦稽核實例演練

傑克商業自動化股份有限公司

JACKSOFT為經濟部能量登錄電腦稽核與GRC(治理、風險管理與法規遵循)專業輔導機構，服務品質有保障

CERTIFIED TRAINING
ICAEA

國際電腦稽核教育協會
認證課程

採購及付款循環相關風險與查核重點

- 採購及付款對企業而言是主要的營業活動之一，亦屬於會計資訊系統主要的子系統之一，因此，對整個採購循環過程之活動都需要非常嚴謹的處理；關於此循環的各項業務活動可能發生的威脅與風險的暴露均需要有相關的了解：

請購　採購　驗收入庫　付款

請購作業

可能威脅	風險暴露	稽核重點
缺貨	■ 停工及延誤生產、產生違約情況	1.適當層級對請購之核准？ 2.每類貨品均應訂明經濟採購量及再購點？ 3.是否有重複請購情況？ 4.化整為零分批請購，以規避授權(拆單採購)？
沒有必要的請購	■ 採購及存貨成本增加	

3

採購作業

可能威脅	風險暴露	稽核重點
採購人員與供應商勾結導致進價過高	■ 成本超支	1. 向不合格供應商訂貨？ 2. 適當層級對採購之核准？ 3. 列出期間內之新供應商
買到次級品	■ 生產延誤 ■ 訂單違約損失 ■ 成本超支	4. 預計進貨日期比實際登打採購單日期早？ 5. 是否超出預計交貨日仍未收到貨品？ 6. 緊急採購原因與單價合理性？
向不合規定的供應商進貨	■ 貨品品質不良 ■ 價格偏高超過限額 ■ 違反法律	7. 採購數量高，單價反而高，以不利的價格購買原物料？ 8. 採購不需要的貨品或採購過多？ 9. 供應商反覆的取消訂購，訂單單價變動頻繁？
收取回扣	■ 進貨品質不良 ■ 價格偏高超過限額 ■ 違反法律	10.提供虛設供應商並偽造報價單，以迴避公司的採購規定？ 11.為了偏袒個別供應商，故意訂定特殊規格以操控價格？

4

驗收入庫作業

可能威脅	風險暴露	稽核重點
驗收人員未切實清點到貨數量或規格	■ 存貨紀錄錯誤	1. 收到未有採購單的貨品？ 2. 驗收數量超過或少於訂購數量？ 3. 運送、點收和驗收數量不符？ 4. 驗收不合格的原物料？ 5. 錯誤清點進貨數量？ 6. 進貨規格不符合約規定？
驗收未採購的貨品	■ 溢付貨款 ■ 存貨紀錄錯誤	
存貨遭竊	■ 資產損失 ■ 紀錄錯誤	

付款作業

可能威脅	風險暴露	稽核重點
不當的挪用現金	■ 現金資產損失	1. 供應商進貨發票項目錯誤？ 2. 進貨發票與實際驗收之品名、數量不符? 3. 一筆款項重複付款？ 4. 無訂購單、驗收單，或尚未收到貨卻付款？ 5. 已驗退的原物料仍支付貨款？ 6. 付款金額計算錯誤？ 7. 貨款未扣預先給付的訂金？ 8. 對特定供應商提早付款？ 9. 付款給虛設供應商？
重複付款	■ 資產損失	
電子資金轉帳錯誤	■ 資產損失	

AI時代的稽核分析工具

Structured Data Unstructured Data

An Enterprise

New Audit Data Analytic =

Data Analytic + Text Analytic + Machine Learning

Source: ICAEA 2021

Data Fusion: 需要可以快速融合異質性資料提升資料品質與可信度的能力。

7

電腦輔助稽核技術(CAATs)

– **稽核人員角度**所設計的通用稽核軟體，有別於以資訊或統計背景所開發的軟體，以資料為基礎的Critical Thinking(批判式思考)，**強調分析方法論**而非僅工具使用技巧。

– 適用不同來源與各種資料格式之檔案匯入或系統資料庫連結，其特色是強調有科學依據的抽樣、資料勾稽與比對、檔案合併、日期計算、資料轉換與分析，**快速協助找出異常**。

– 由傳統大數據分析 往 AI人工智慧智能分析發展。

C++語言開發
付費軟體
Diligent Ltd.

以VB語言開發
付費軟體
CaseWare Ltd.

以Python語言開發
免費軟體
美國楊百翰大學

JCAATs-
AI稽核軟體
--Python Based

8

JCAATs 1.0：2017 London, UK

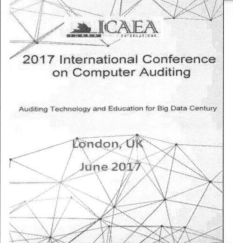

9

JCAATs 3.1- 超過百家使用口碑肯定

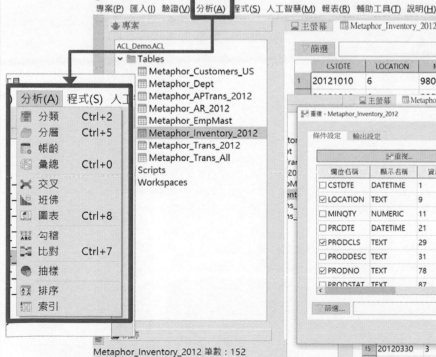

提供繁體中文與視覺化使用者介面，更多的人工智慧功能、更多的文字分析功能、更強的圖形分析顯示功能。目前JCAATs 可以讀入 ACL專案顯示在系統畫面上，進行相關稽核分析，使用最新的JACL 語言來執行，亦可以將專案存入ACL，讓原本ACL 使用這些資料表來進行稽核分析。

10

　　JCAATs為 AI 語言 Python 所開發新一代稽核軟體，遵循AICPA 稽核資料標準，具備傳統電腦輔助稽核工具(CAATs)的**數據分析功能**外，更包含許多人工智慧功能，如**文字探勘**、**機器學習**、**資料爬蟲**等，讓稽核分析更加智慧化，**提升稽核洞察力**。

　　JCAATs功能強大且易於操作 ，可分析大量資料，**開放式資料架構**，可與**多種資料庫**、**雲端資料源**、**不同檔案類型**及 **ACL 軟體介接**，讓稽核資料收集與融合更方便與快速。**繁體中文與視覺化使用者介面**，不熟悉 Python 語言的稽核或法遵人員也可透過**介面簡易操作**，輕鬆產出 Python 稽核程式，並可與廣大免費之開源 Python 程式資源整合，讓**稽核程式具備擴充性和開放性**，不再被少數軟體所限制。

JCAATs 人工智慧新稽核

世界第一套可同時
於Mac與PC執行之通用稽核軟體

繁體中文與視覺化的使用者介面

Modern Tools for Modern Time

國際電腦稽核教育協會線上學習資源

AICPA美國會計師公會稽核資料標準

JCAATs AI人工智慧功能

機器學習 & 人工智慧

| 離群分析 | 集群分析 | 學 習 | 預 測 | 趨勢分析 |

多檔案一次匯入		模糊比對
ODBC資料庫介接	資料融合	模糊重複
OPEN DATA 爬蟲	JCAATs 文字探勘	關鍵字
雲端服務連結器		文字雲
SAP ERP		情緒分析

| 視覺化分析 | 資料驗證 | 勾稽比對 | 分析性複核 | 數據分析 |

大數據分析

*JACKSOFT為經濟部技術服務能量登錄AI人工智慧專業輔導與訓練機構

智慧化海量資料融合

人工智慧文字探勘功能

稽核機器人自動化功能

人工智慧機器學習功能

JCAATs特點--智慧化海量資料融合

- JCAATS 具備有人工智慧自動偵測資料檔案編碼的能力，讓你可以輕鬆地匯入不同語言的檔案，而不再為電腦技術性編碼問題而煩惱。

- 除傳統資料類型檔案外，JCAATS可以**整批匯入**雲端時代常見的PDF、ODS、JSON、XML等檔類型資料，並可以輕鬆和 ACL 軟體交互分享資料。

17

JCAATs特點--人工智慧文字探勘功能

- 提供可以自訂專業字典、停用詞與情緒詞的功能，讓您可以依不同的查核目標來自訂詞庫組，增加分析的準確性，**快速又方便的達到文字智能探勘稽核的目標**。

- 包含多種文字探勘模式如**關鍵字**、**文字雲**、**情緒分析**、**模糊重複**、**模糊比對**等，透過文字斷詞技術、文字接近度、**TF-IDF** 技術，可對多種不同語言進行文本探勘。

18

AI人工智慧新稽核生態系

JTK-持續性
稽核平台

JCAATs-AI
稽核軟體

jacksoft
SUPPORT
技術支援

稽核自動化知識網
INSPIRATION
查核靈感

AI稽核生態系

AI稽核教育學院
AI Auditing Institute
實體課程

網路上巨大免費
Python程式庫

ICAEA
INTERNATIONAL
線上課程

使用Python-Based軟體優點

- 運作快速
- 簡單易學
- 開源免費
- 巨大免費程式庫
- 眾多學習資源
- 具備擴充性
- 許多人才

Python

- 是一種廣泛使用的直譯式、進階和通用的程式語言。Python支援多種程式設計範式，包括函數式、指令式、結構化、物件導向和反射式程式。它擁有動態型別系統和垃圾回收功能，能夠自動管理記憶體使用，並且其本身擁有一個巨大而廣泛的標準庫。

- Python 語言由Python 軟體基金會 (Python Software Foundation) 所開發與維護，使用OSI-approved open source license 開放程式碼授權，因此可以免費使用

- https://www.python.org/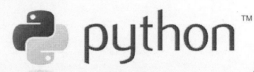

 能夠提升稽核價值的技術包括：

1.數據分析與AI人工智慧

2.行動化審計工具應用

3.持續審計/監控

4.即時，自動化，與確信相關 的報告。

參考資料來源: Galvanize, Death of the tick mark

十大電腦稽核必查重點

Analytic Name	Analytic Description	Business Process
1. Duplicate Payments - Same Vendor, Same Amount, Different Invoice #	To ensure payment validity by identifying duplicate payments to the same vendor. During the Investigation Period, identify Payments created to the same Vendor ID with the same amount, but having a different Invoice Number.	Purchase-to-Payment
2. Employee / Vendor Match - Address	To ensure employees are not also listed as vendors (Employee Vendor Match – Home Address). Identify Invoices included in the payables transaction file where Employee Addresses match addresses in the vendor master file.	Purchase-to-Payment
3. Vendor Data Completeness Test	To ensure Vendor records do not contain missing/empty fields in key criteria fields. Examples include: Tax ID, Payment Method, Classification, Currency Code, Posting/Purchasing block.	Purchase-to-Payment
4. Split Purchase Orders	To ensure PO authorization by identifying split POs designed to circumvent purchase authorization guidelines. Identify POs with the same purchaser/buyer, same vendor for amounts greater than the authorized limit within a specified number of days.	Purchase-to-Payment
5. Split Transactions	The objective of this analytic is to detect employees charging the credit card more than once to circumvent the spending limits. The analytic is designed to identify split charges, based on following test: Same employee, Same merchant, same date.	Travel & Entertainment

23

十大電腦稽核必查重點

Analytic Name	Analytic Description	Business Process
6. Excessive Claims - Expense Type	To ensure all transactions are for authorized purposes. Identify employees who have a number of expense claims per day greater than the acceptable maximum number of claims by expense type by amount or count. Total the count and amount of transactions per Employee per Day and report on cards that exceed the Maximum Expense Count or the Maximum Expense Amount.	Travel & Entertainment
7. Suspect Expense Dates - Weekends & Holidays	To ensure all transactions are for valid and authorized purposes. Identify T&E transactions where the Transaction Date occurred on a weekend or holiday as defined by the <<Variable Holiday>>, <<Unauthorized Weekday>>, and <<Fixed Holiday>> parameters.	Travel & Entertainment
8. User Access Report	To ensure that all system users are valid. Identify any login access of terminated employees past the employee termination date.	IT Access
9. Unauthorized Merchants - Restricted Merchant MCC	To ensure all transactions are to approved MCCs (Merchant Category Codes). To Identify all transactions where the MCC is in the Restricted Merchant MCC list.	Purchasing Cards
10. Inventory Adjustments	Identify inventory adjustments, and summarize information by employee.	Inventory

24

運用重複查核,找出理賠舞弊案件

【扯】同車同址年撞4次　大數據揪假車禍詐保

📶 38360　出版時間:2017/12/22 19:38　　f 8+ 🐦 🔗

修配廠代辦的事故保險,安排兩車擦撞及地點衙巷都相同。航調處提供

（更新:網友意見）

「那裡老是出車禍!」調查局航業調查處利用大數據分析過濾汽車保險理賠案件,發現中部一家代辦車險理賠業務的修配廠客戶常出車禍,且事故地點都相同,懷疑其中有鬼,台中地檢署獲報查出原來是該修車廠周姓女老闆和蔡姓兒子,涉偽造警方交通事故處理記錄向保險公司詐領保險費,依偽造文書等罪諭令這對母子各5萬、6萬元交保候傳。

航調處指出,全國每年產險保單保費龐大,去年即高達1459億餘元,其中汽車保險保費即佔54.87%,約800餘億元,航調處透過大數據分析財團法人保險事業發展中心資料庫,發現中部地區一家汽車修配廠代辦汽車險理賠業務異常,經報請台中地檢署檢察官陳信郎指揮偵辦,日前搜索該汽車修配廠並傳喚周婦、蔡男及車主等共7人到案,果然查出偽造文書詐保弊端。

航調處指出,這對母子利用代辦保險或購車取得的車主個資,得知車主因自行擦撞等原因,不符請領保險費資格,或是根本沒有發生車禍,即安排兩車擦撞的事故照片,並偽造警察單位製作的道路交通事故處理記錄,冒名向各保險公司詐領保險理賠費用。

其中有車輛竟然每年都出車禍3、4次,而且出車禍的地點都相同,檢調傳喚多名車主到案,有的車主坦承不曾擦撞,但辯稱不知被冒名辦出險,也有車主表示車子轉彎A到,修配廠說可以幫忙處理,就交給車廠處理。

航調處清查發現,從2012年至2015年之間,該修配廠代辦的車險金額高達1千多萬元,目前正與保險理賠業者進行核算,並循線擴大偵辦,呼籲民眾謹慎處理個人資料,更勿貪小便宜,讓不肖業者有機可乘。(許淑惠 / 台中報導)

查核實務探討:
重複付款發生原因面面觀
與查核案例分析

27

就有可能因重複支付而損失$500,000

$500,000.00

The amount companies can lose with duplicate payments for every $100 million payments made.
Institute of Management and Administration

公司每$100,000,000的付款

4.01

28

美國審計部(GAO)2014 年年度報告中揭露，如何防止 1247 億美元的不當付款?

Duplicate Payment? Here's How To Never Pay The Same Invoice Twice

Zoe Uwem · July 25, 2016 · 10 min read

Duplicate payment is a major financial drains facing organizations today.

When you accidentally pay the same invoice twice, you're of course tossing money away unnecessarily. This eats into your margins and inhibits your company's financial progress. Who could ever stand for that?

In its 2014 annual report, the US Government Accountability Office (GAO) disclosed that it was involved in preventing such improper payments of $124.7 billion within just 22 federal agencies. The report is government-specific, but it tells the same story for business.

On average, about 0.05% of invoices paid are payments made in error. As a result of the huge losses associated with duplicate payments, it's important that accounts payable teams be constantly on the lookout and take preventive steps to keep invoices from being paid more than once. Preventing duplicate payments provides significant benefits in curbing losses, boosting profits, and helping companies to maintain better cash flow.

資料來源: https://pyrus.com/en/blog/duplicate-payment

29

How Do Duplicate Payments Occur?

- Accounting systems normally have basic controls in place to flag possible duplicate payments. However because there are well over 30 different reasons why they occur, many duplicates and errors go undetected.

A typical invoice entry requires over 12 different fields of data, including invoice number, date, amount, vendor number, tax, purchase order number and so on. If any of these fields are entered inaccurately or inconsistently by the vendor or the in-house data entry team, the system's inherent check for duplicate payment will not be effective, even if there is a purchase order in place.

The Institute of Management and Administration acknowledges that "completely eliminating duplicate payments may be an impossible dream".

30

重複付款發生原因面面觀

- 供應商重複寄送發票
- 已付款的發票未加以註銷
- ERP系統錯誤
- 重複的供應商
- 非常規交易付款處理
- 人員蓄意或疏忽造成
- 不當採購作業流程
    - 如: 三單合一採購流程
- ……………………………

31

重複付款原因與實務樣態範例

1. Special characters in invoice number
(發票編號中的特殊字符)
2. Transposition errors
 (換位錯誤)
3. Fat finger errors (insertion or elimination of characters)
(粗手指錯誤,插入或刪除字符)
4. Small differences in amount
(匯率轉換等四捨五入之微小差異)
5. Leading or trailing zeros in invoice number
 (發票編號中的前後為0)
6. Differences in transaction dates
 (交易日期的差異)

參考資料來源:
https://www.sasrecovery.com/services/duplicate-payment-audit/

32

重複付款實務樣態範例

Vendor Name	Vend No	Invoice	Inv Date	Doc No	Amount	Check No	Check Date
ABC Inc	653245	129859	7/29/2020	2065489765	26,919.53	956485	8/26/2020
ABC Inc	653245	1299859	7/29/2020	2065490457	26,919.52	958871	9/23/2020

Fat finger on invoice number   Slight diff on amount

Vendor Name	Vend No	Invoice	Inv Date	Doc No	Amount	Check No	Check Date
PX Security	356254	56487	6/10/2020	2032657851	5,415.23	932687	7/9/2020
PX Security	352875	56487	6/12/2020	2032659653	5,415.23	958871	7/18/2020

Same vendor with two diff vendor numbers   Same invoice with two diff invoice dates

P Card Duplicate - data from two completely diff systems

Vendor Name	Vend No	Invoice	Inv Date	Doc No	Amount	Check No	Check Date
Thomas Electric	687542	206455	11/10/2020		8,347.26	692758	11/25/2020
Thom Contracting		1906587256	11/8/2020		8,347.26		11/15/2020

No vend num for P Card and diff names   Inv num and transaction num are diff

參考資料來源: https://www.sasrecovery.com/services/duplicate-payment-audit/

Accidental duplicate payment 意外或不小心導致重複付款案例:

1.Your check is still in the mail when a vendor sends a second copy of the same invoice, and your AP team pays it again
(供應商重複寄送發票)

2.The AP team accidentally resurfaces the same invoice because it wasn't filed correctly after payment
(已付款的發票未加以註銷)

3.The same invoice is forwarded to two different managers in different departments, and they both pay it
(同一張發票被轉寄給不同部門的不同負責人員，各自請款與付款)

參考資料來源:https://www.bill.com/learning/payments/duplicate-payments

Fraudulent duplicate payments
故意或舞弊重複付款案例:

1. A bad actor sends your AP team a familiar monthly bill in a familiar format with a new payment address, and they pay it without investigating the change
(做弊者向應付帳款負責人員發送類似的的每月帳單和新的付款地址,負責單位在未調查相關異動情形下進行付款)

2. A bad actor at a trusted vendor sends a second, exact copy of a legitimate invoice and pockets the extra payment
(長期配合供應商的員工進行舞弊,重複寄送請款發票,並將額外付款收入中飽私囊)

3. A disgruntled employee pays several invoices twice on purpose, then calls the vendors to request a refund and pockets the checks they send back
(心懷不滿的員工故意兩次支付多張發票,然後聯絡0供應商要求退款並將重複付款中飽私囊)

參考資料來源:https://www.bill.com/learning/payments/duplicate-payments

35

如何加強請款發票管理減少重複付款?

1. Regularly review your vendor master files to remove duplicated vendors.
(定期檢查您的供應商主檔,刪除有重複的供應商)

2. Double check for miskeying and misreading.
(仔細檢查發票號碼輸入或讀取是否有錯誤,避免數字顛倒、省略連字符和斜杠等標點符號、發票號碼前後有0的處理、為輸入系統自行修改發票號碼等)

3. Control rush check requests.
(加強控制緊急付款等特殊案件)

4. Don't pay from multiple source documents.
(不要從多個來源文件中付款,如廠商為一次付款發送兩個不同來源文件,如電子發票與紙本發票並行等)

5. Have a fixed invoicing methodology.
(有固定的通知付款方法,以不同方式發送同一張發票時,容易發生重複付款如郵寄、傳真、電子郵件等)

參考資料來源: https://pyrus.com/en/blog/duplicate-payment

36

如何加強請款發票管理減少重複付款?

6. Have all invoices sent to a central location first.
(集中管理廠商發票請款,避免供應商對組織不同分支機構分散請款)

7.Get vendors to provide appropriate PO numbers.
(所有請款發票應包含正確採購訂單編號,避免因為缺少訂單號碼導致付款遲延,供應商可能針對相同的採購案件,再度發送不同請款發票)

8. Let a human approve all invoices.
(加強重大金額發票請款到付款間的審核)

9. Make dispute resolution a priority.
(對發票有任何內部爭議,請確保盡快解決問題,以避免廠商發送第二張發票)

10. Only pay from the original invoice.
(避免僅根據供應商的報表處理付款:請款應依據原始發票與適當完整單據文件進行付款)

11. Mark paid invoices as "paid."
(付款後明確將發票標記為已付款,可透過系統進行採購訂單關閉等控制)

參考資料來源: https://pyrus.com/en/blog/duplicate-payment

SAP ERP重複付款實務經驗分享:

　　對於 SAP,如果兩個文檔具有相同的:
1.公司代碼2.發票編號3.供應商編號 4.發票日期 5.金額
則會識別為重複。如果其中任何一個不相同,系統將不會將第二個文檔識別為潛在的重複文檔。　重複付款會發生的根本原因為處理的負責人員不理解、看到或相信系統重複警告。

　　我最喜歡進行的重複付款檢查條件為:
1.相同的發票編號、供應商名稱和金額。
2.相同的發票編號、供應商編號和金額。
以上均需進行發票號碼和供應商名稱的資料正規化,
並增加一個條件,即付款間隔超過20天,並排除沖銷迴轉分錄。

　　重複分析可能沒有識別出所有可能的重複,但通過控制弱點的分析與查核,進行改進預防和檢測控制,相信後續因為重複造成的損失將會有效減少。

　　~Dave Coderrre,WWW.CAATS.CA

參考資料來源:https://caats.ca/2022/06/10/duplicates-invoices-root-cause-analysis/

識別潛在重複發票付款時
可能誤報或漏報，如何改善?

一、誤報：發票付款在不重複時被識別為潛在重複項。

1沖銷發票:

確定沖銷發票交易流程中迴轉分錄的交易 ID、使用特定類型的清算交易需進行排除。

2.經常性或每月付款:

使用相同的發票進行定期或每月付款時(如租金或網路使用費等)，由於發票編號、供應商編號和金額每個月都相同，因此這些容易被識別為潛在的重複項。需確認系統中是否有經常性項目的註記或代碼，或者您要包括重複項必須具有的標準，如至少間隔一定期間以上

3.通用發票編號:

使用了異常的非供應商發票和通用發票編號。例如，參加同一次會議的 10 名員工的會議費用報銷可能會記錄為每個員工的相同的發票編號。

4.過度寬鬆的重複檢查條件:

  例如僅檢查相同的發票編號和金額等

參考資料來源:

https://caats.ca/2022/06/10/duplicates-invoices-root-cause-analysis/

識別潛在重複發票付款時
可能誤報或漏報，如何改善?

二、漏報：發票付款在重複時未被識別為重複。

1.發票號碼重複未正確識別:

  需要進行發票號碼資料正規化，如統一轉換為大寫
  並刪除所有特殊字符。

2.供應商重複未正確識別:

  需要進行供應商主檔資料正規化後找出重複供應商。

3.過度嚴格的重複檢查條件:

  例如同時檢查相同的發票編號、供應商編號、發票日期和
  發票金額，但若相同供應商有重複建檔為不同供應商編號，
    則無法有效檢查出有重複付款的項目。

參考資料來源:

https://caats.ca/2022/06/10/duplicates-invoices-root-cause-analysis/

重複付款查核條件設定

- 不同公司的付款政策不盡相同，必要時需要了解ERP的控管程序，才能定義重複付款的意義
- 一般常見的重複付款定義及方法：
  - PLOICY 1：相同期間、相同廠商、相同金額
  - PLOICY 2：相同期間、相同廠商、相同商品
  - PLOICY 3：相同期間、相同廠商、相同付款文件號碼
  - PLOICY 4：相同期間、相同廠商、相同付款文件號碼、相同金額
  - PLOICY 5：相同期間、相同廠商、相同付款文件號碼、相同商品
  - PLOICY 6：相同期間、相同廠商、相同付款文件號碼、相同金額、相同商品
  - ....

相同期間？　相同廠商？　相同付款文件號碼？

41

電腦稽核專案六步驟

1.專案規劃	透過專案規畫，協助稽核人員明訂查核目標，了解需要取得資料，電腦稽核查核結果，可提供稽核人員營運風險分析的基礎，並可透過必要步驟引導，以達成接續各階段的查核目標。
2.獲得資料	透過與權責單位協同合作，取得必要的查核資料，並符合相關的資安規定，JCAATs提供Table Layout 定義功能，標示來源資料的位置與格式定義，讓專案可透過建立好的邏輯定義，獲得資料進行查核。
3.讀取資料	JCAATs提供多種資料讀取的方式，讓稽核人員可以輕鬆的讀取各種不同來源的資料。
4.驗證資料	JCAATs提供多種資料驗證的指令，協助檢查受查資料，確認是否有包含損壞的資料、資料格式適當、資料完整和可靠。
5.分析資料	透過JCAATs分析指令與函式，可以協助稽核人員簡易快速的處理分析資料並發掘異常狀況，完成查核目的。
6.報表輸出	JCAATs針對分析結果，提供視覺化報表，提升稽核人員製作分析報告製作的效果與效率。

42

JCAATs指令實習: DUPLICATE、 FUZZY_DUPLICATE、 JOIN等

43

CAATs指令說明— 重複 DUPLICATE

在JCAATs系統中,提供使用者檢查資料重複的指令為**重複**(Duplicate),可應用於查核重複付款、重複開立發票、重複發放薪資等......。讓查核人員可以快速的進行重複項目的比對與查核工作。

44

指令介紹─重複 DUPLICATE範例

Example of Input Data

Employee Number	Pay Date	Bank Account Number	Pay Amount
00010	06/30/2001	123-100291-11	$1200.00
00020	06/15/2001	552-129102-44	$2300.00
00030	06/15/2001	421-2881919211	$1400.00
00040	06/15/2001	552-129102-44	$2300.00
00050	06/15/2001	4492-1212-331	$1800.00
00010	06/30/2001	123-100291-11	$1200.00

Example of Output Data

Employee Number	Pay Date	Bank Account Number	Pay Amount
00010	06/30/2001	123-100291-11	$1200.00

JCAATs指令說明─模糊重複 (Fuzzy Duplicate)

在JCAATs系統中，以Levenshtein Distance(字符串相似度或稱最大編輯距離)算法，提供模糊重複的功能，允許使用者比對不同來源的資料，不需要對欄位先進行排序即可進行測試，並可辨識出幾乎重複的資料記錄。

模糊重複是指不同的字串之間擁有相同的特徵。因此運用模糊重複功能，可得知同一張表單中的欄位有多少模糊重複的程度，也可得知不同來源的資料，有無模糊重複的特徵。

JCAATs指令說明-模糊重複範例

一般模糊重複的情況發生的原因，可能是因為人為輸入的錯誤，例如拼字錯誤、不同資料格式的方法。因此，這種人為蓄意創造出相同類似的字串，其一致性的表達方式，卻也可能代表一種舞弊欺詐的行為，故可應用於查核如廠商名稱輸入錯誤或故意偽造的問題。

模糊比對之字符串相似度算法範例

將正中大學校與中正大學二文字進行相似度比較，其編輯操作包含以下三項：	檢核結果
1	正中大學校：➜ 中中大學校 （替換：正→中）	編輯距離等於3。 Levenshtein 將定義二文字間的相似度公式為： 相似度＝1－（Levenshtein Distance / Math.Max（str1.length,str2.length））。
2	中中大學校：➜ 中正大學校 （替換：中→正）	因此，以上述例字為例，其相似度為：
3	中正大學校：➜ 中正大學 （刪除：校）	1－（3 / MAX（5,4））＝1－（3 / 5）＝0.4。

引用來源：最新文字探勘技術於稽核上的應用(會研月刊，323期)

FUZZY_DUIPLICATE 指令操作畫面

JCAATs系統提供二個彈性可以調整的變數，讓稽核人員可以容易使用模糊重複功能：

1. **差異門檻值(Different Threshold)**: 模糊比對過程中所允許的最大編輯距離(Levenshtein Distance)。

2. **差異比率(Difference Percentage)**: 模糊比對過程中所允許的差異度(為相似度的反向)，JCAATs採用二字串的差異度公式為如下

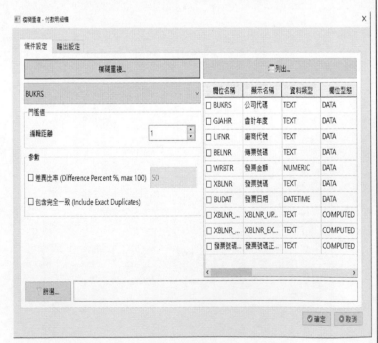

Levenshtein Distance / number of characters in the shorter value × 100 = difference percentage

JCAATs指令說明─比對 JOIN

在 JCAATs 系統中，提供使用者可以運用**比對 (JOIN)** 指令，透過相同關鍵欄位結合兩個資料檔案進行比對，並產出成第三個比對後的資料表。

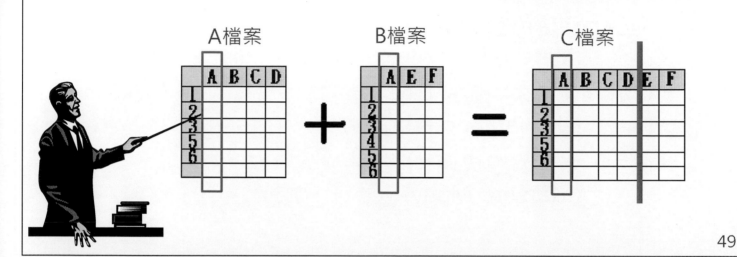

49

比對(Join)的運用

◆ 此指令是將**二個資料表**依**鍵值欄位**與所選擇的條件聯結成一個新資料表

◆ 當在進行合併運算時，由於包含二個資料表，先開啟的資料表稱為**主表(primary)**，第二個檔案稱為**次表(secondary)**

 ➢ 使用Join時請注意，哪一個表格是主要檔，哪一個是次要檔。

◆ 使用Join指令可從兩個資料表中結合欄位到第三個資料表。要特別注意，任意兩個欲建立關聯或聯結的資料表必須有個能夠辨認的特徵欄位，這個欄位稱為**鍵值欄位**

50

比對(Join)的六種分析模式

> 狀況一：保留對應成功的主表與次表之第一筆資料。
> (Matched Primary with the first Secondary)

> 狀況二：保留主表中所有資料與對應成功次表之第一筆資料。
> (Matched All Primary with the first Secondary)

> 狀況三：保留次表中所有資料與對應成功主表之第一筆資料。
> (Matched All Secondary with the first Primary)

> 狀況四：保留所有對應成功與未對應成功的主表與次表資料。
> (Matched All Primary and Secondary with the first)

> 狀況五：保留未對應成功的主表資料。
> (Unmatched Primary)

> 狀況六：保留對應成功的所有主次表資料
> (Many to Many)

比對 (Join)指令使用步驟

1. 決定比對之目的
2. 辨別比對兩個檔案資料表，主表與次表
3. 要比對檔案資料須屬於同一個JCAATS專案中。
4. 兩個檔案中需有共同特徵欄位/鍵值欄位
   (例如：員工編號、身份證號)。
5. 特徵欄位中的資料型態、長度需要一致。
6. 選擇比對(Join)類別:
   A. Matched Primary with the first Secondary
   B. Matched All Primary with the first Secondary
   C. Matched All Secondary with the first Primary
   D. Matched All Primary and Secondary with the first
   E. Unmatched Primary
   F. Many to Many

比對(Join)指令操作方法:

- 使用比對(Join)指令:
  1. 開啟比對Join對話框
  2. 選擇主表 (primary table)
  3. 選擇次表 (secondary table)
  4. 選擇主表與次表之關鍵欄位
  5. 選擇主表與次表要包括在結果資料表中之欄位
  6. 可使用篩選器(選擇性)
  7. 選擇比對(Join) 執行類型
  8. 給定比對結果資料表檔名

53

比對(Join)練習基本功:

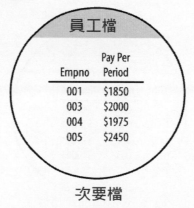

⑤ Unmatched Primary　　　　① Matched Primary with the first Secondary

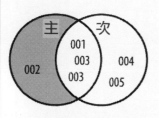

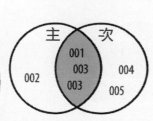

54

比對(Join)練習基本功:

薪資檔

Empno	Cheque Amount
001	$1850
002	$2200
003	$1000
003	$1000

主要檔

員工檔

Empno	Pay Per Period
001	$1850
003	$2000
004	$1975
005	$2450

次要檔

③ Matched All Secondary with the first Primary

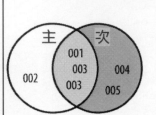

輸出檔

Empno	Cheque Amount	Pay Per Period
001	$1850	$1850
003	$1000	$2000
003	$1000	$2000
004	$0	$1975
005	$0	$2450

② Matched All Primary with the first Secondary

輸出檔

Empno	Cheque Amount	Pay Per Period
001	$1850	$1850
002	$2200	$0
003	$1000	$2000
003	$1000	$2000

55

比對(Join)練習基本功:

薪資檔

Empno	Cheque Amount
001	$1850
002	$2200
003	$1000
003	$1000

主要檔

員工檔

Empno	Pay Per Period
001	$1850
003	$2000
004	$1975
005	$2450

次要檔

④ Matched All Primary and Secondary with the first

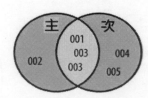

輸出檔

Empno	Cheque Amount	Pay Per Period
001	$1850	$1850
002	$2200	$0
003	$1000	$2000
003	$1000	$2000
004	$0	$1975
005	$0	$2450

56

JCAATs 比對(JOIN)指令六種類別

	JCAATs	
1	Matched Primary with the first Secondary	
2	Matched All Primary with the first Secondary	
3	Matched All Secondary with the first Primary	
4	Matched All Primary and Secondary with the first	
5	Unmatch Primary	
6	Many to Many	

JCAATs函式說明 — .str.upper()

此函式可以將某一字串欄位的內容的小寫字母轉為大寫字母,它允許查核人員快速的於大量資料中,依資料的內容輸出成大寫的欄位值,完成所需的資料值的記錄。

語法: Field.str.upper ( )

Vendor No	VendorName	Amount
10001	abc	100
10001	BCd	400
10001		500
10002	xYz	200
10003	xyZ	300

→

Vendor No	Vendor Name	New Name	Amount
10001	abc	ABC	100
10001	BCd	BCD	400
10001			500
10002	xYz	XYZ	200
10003	xyZ	XYZ	300

範例: VendorName.str.upper()

JCAATs函式說明 — .str.replace()

此函式可以將某一字串欄位的部分內容轉變成其他指定的內容，查核人員可以快速的於大量資料中，將將指定的欄位值替換成另外一新欄位值，特別是該欄位有許多亂碼資料時。

語法: Field.str.replace (pat,repl)

Vendor No	VendorName	Amount
10001	A._BC	100
10001	B!C@D	400
10001	C !.DE	500
10002	X{Y}Z	200
10003	T+U-V	300

Vendor No	Vendor Name	New Name	Amount
10001	ABC	ABC	100
10001	BCD	BCD	400
10001	CDE	CDE	500
10002	XYZ	XYZ	200
10003	TUV	TUV	300

範例: VendorName.str.replace(r"[^\w]|_" ,"")

59

[Python 小百科]：

Python 提供一個特別的符號， 來代表取代全部符號字符

r "[^\w]|_"

此符號是以符號於文字編碼內的二元字碼為基礎，不代表特別的語意。

60

專案規劃

查核項目	採購及付款循環—付款作業		**存放檔名**	重複付款查核
查核目標	針對付款記錄進行查核，篩選疑似重複付款之異常項目，進行深入追查			
查核說明	針對付款明細檔進行分析查核，檢查是否有相同廠商、相同金額、相同發票號碼等疑似重複的付款紀錄。			
查核程式	1. **重複付款查核(精確重複)**：於付款明細檔中，對廠商編號、發票金額、發票號碼進行重複性檢查。 2. **重複付款查核-資料校正(發票號碼大寫轉換)**：對發票號碼欄位進行大小寫轉換後，對廠商編號、發票金額、發票號碼進行重複性檢查。 3. **重複付款查核-資料校正(發票號碼亂碼調整)**：對發票號碼欄位進行亂碼排除後，對廠商編號、發票金額、發票號碼進行重複性檢查。 4. **重複付款查核-發票號碼正規化(大小寫與亂碼)**：對發票號碼欄位進行正規化後，對廠商編號、發票金額、發票號碼進行重複性檢查。 5. **重複付款查核(廠商名稱模糊重複)**：對發票金額、發票號碼進行重複性檢查後，對廠商名稱進行模糊比對，更快速找出疑似重複付款案件			
資料檔案	付款明細檔、會計主檔、供應商主檔			
所需欄位	公司代碼、會計年度、廠商代碼、傳票編號、發票號碼、發票金額...			

61

獲得資料

稽核通知單

- 稽核部門可以寄發稽核通知單，通知受查單位準備之資料及格式。

- 檔案資料：
  - ☑ BSAK (付款明細檔)
  - ☑ BKPF (會計主檔)
  - ☑ LFAI (供應商主檔)

受文者	A電子股份有限公司　　　　資訊室
主旨	為進行公司付款作業查核，請 貴單位提供相關檔案資料以利查核工作之進行。所需資訊如下說明。
說明	
一、	本單位擬於民國XX年XX月XX日開始進行為期X天之例行性查核，為使查核工作順利進行，謹請在XX月XX日前 惠予提供XXXX年XX月XX日至XXXX年XX月XX日之付款相關明細檔案資料，如附件。
二、	依年度稽核計畫辦理。
三、	後附資料之提供，若擷取時有任何不甚明瞭之處，敬祈隨時與稽核人員聯絡。
請提供檔案明細：	
一、	付款明細檔、會計主檔並請提供相關檔案格式說明(請詳附件)
稽核人員：John	稽核主管：Sherry

62

SAP ERP 電腦稽核現況與挑戰

- 查核項目之評估判斷
- 大量的系統畫面檢核與報表分析
- SAP資料庫之資料表數量龐大且關係複雜

海量資料
快速分析

- 資料庫權限控管問題
- 可能需下載大量記錄資料
- SAP系統效能的考量

63

以SAP查核為例--SAP資料關連圖

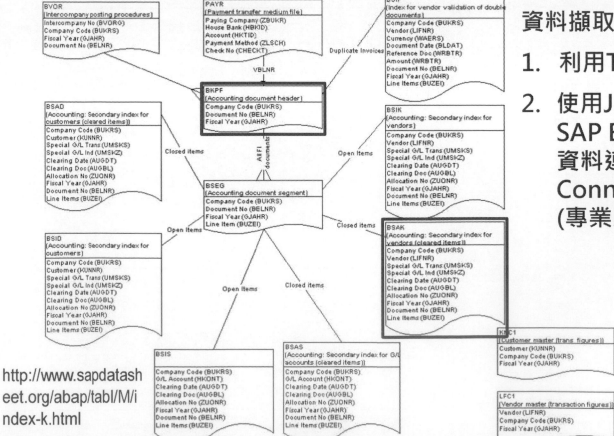

資料擷取方法:

1. 利用TCODE

2. 使用JCAATs SAP ERP 資料連結器 Connector (專業版加購)

http://www.sapdatash
eet.org/abap/tabl/M/i
ndex-k.html

64

付款明細檔欄位與型態(BSAK)

開始欄位	長度	欄位名稱	意義	型態	備註
1	8	BUKRS	公司代碼	T	
9	8	GJAHR	會計年度	T	
17	14	LIFNR	廠商代號	T	
31	18	BELNR	傳票號碼	T	
49	22	WRBTR	發票金額	N	9,999,999,999.99
71	32	XBLNR	發票號碼	T	
103	38	BUDAT	發票日期	D	YYYY-MM-DD
141	44	SGTXT	備註	T	

- T：表示字串欄位
- N：表示數值欄位
- D：表示日期欄位

※資料筆數：38,816
※查核期間：2006/1/1~2010/12/20

會計傳票主檔欄位與型態(BKPF)

開始欄位	長度	欄位名稱	意義	型態	備註
1	8	BUKRS	公司代碼	T	
9	8	GJAHR	會計年度	T	
17	20	BELNR	傳票號碼	T	
37	24	USNAM	會計人員	T	

- T：表示字串欄位
- N：表示數值欄位
- D：表示日期欄位

※資料筆數：59,542
※資料期間：2006年

供應商主檔 (LFA1)

開始欄位	長度	欄位名稱	意義	型態	備註
1	14	LIFNR	廠商代號	T	
15	76	NAME1	廠商名稱	T	
91	16	STENR	統一編號	T	
107	6	ERNAM	建立者	T	
113	6	PSTLZ	郵遞區號	T	
119	6	ORT01	縣市	T	
125	6	ORT02	鄉鎮市區	T	
131	26	STRAS	廠商地址	T	
157	20	TELF1	電話	T	
177	20	TELFX	傳真	T	
197	20	QSSYSDAT	評核有效期限	D	YYYY-MM-DD
217	20	REVDB	外部信用複查日	D	YYYY-MM-DD

- T：表示字串欄位　　※資料筆數：3,350
- D：表示日期欄位

67

| AI Audit Expert

JCAATs
上機實作:
建立專案與取得資料

1.建立新的專案檔

2.自稽核資料倉儲取得

   所需查核資料

68

一.新增JCAATs專案檔

1. 新建:資料夾(請自行命名)
2. 點選 :JCAATs-AI稽核軟體
3. 點「專案>選新增專案」
4. 設定專案名稱: 重複付款查核
5. 存檔

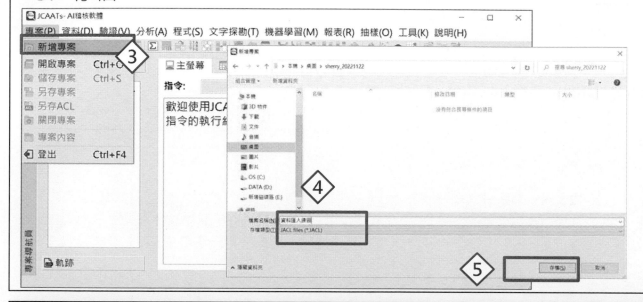

69

二.取得資料- 由稽核資料倉儲取得資料

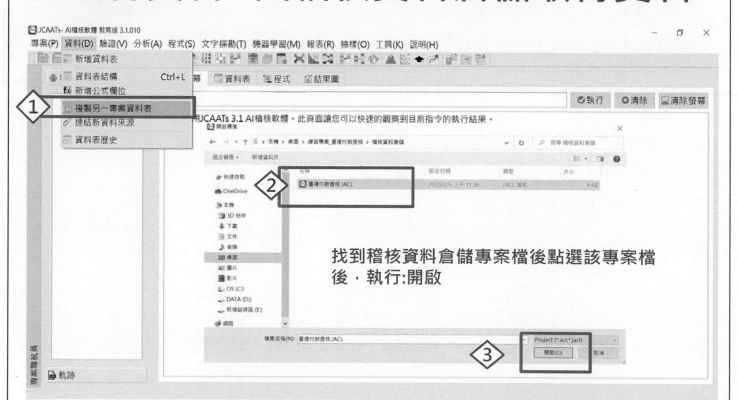

找到稽核資料倉儲專案檔後點選該專案檔
後,執行:開啟

70

二.取得資料- 由稽核資料倉儲取得資料

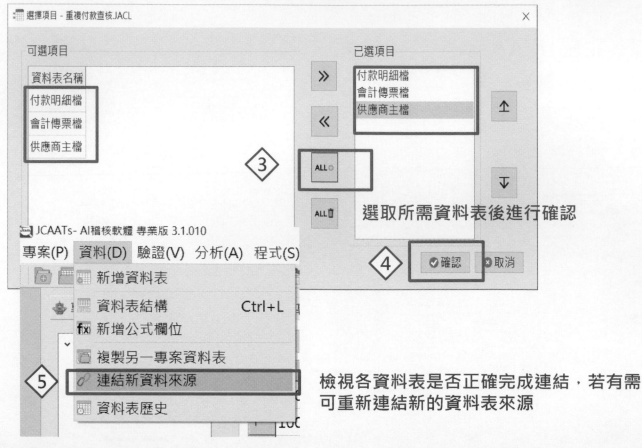

選取所需資料表後進行確認

檢視各資料表是否正確完成連結，若有需可重新連結新的資料表來源

付款明細檔(BSAK)

共38,816筆資料

會計傳票檔(BKPF)

共59,542筆資料

73

供應商主檔 (LFA1)

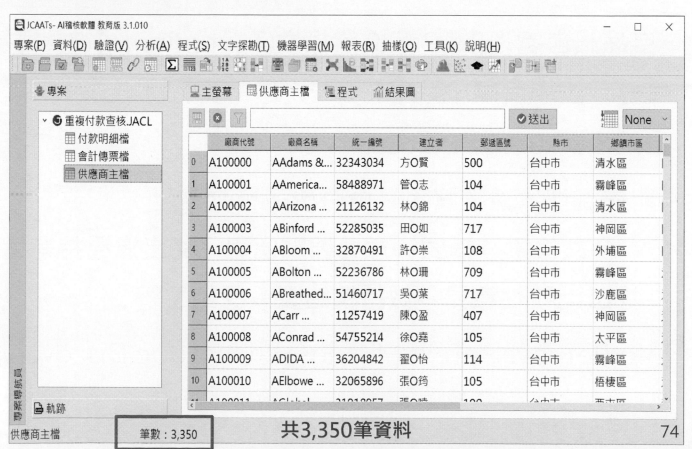

共3,350筆資料

74

JCAATs
AI人工智慧智能稽核:
透過文字探勘快速掌握風險

以文字雲之**TF-IDF**(詞頻-逆向檔案頻率)

演算法進行付款資料分析為例

75

文字探勘技術發展趨勢

» 自然語言處理(NLP)與**文字探勘**(Text mining)被美國麻省理工學院MIT選為未來十大最重要的技術之一,其也是重要的跨學域研究。

» 能先處理大量的資訊,再將處理層次提升

(Ex. **全文檢索→摘要→意見觀點偵測→找出意見持有者**

→找出比較性意見→做持續追蹤→找出答案...

Info Retrieval→Text Mining→Knowledge Discovery

76

分析流程圖-
查核武功秘笈:文字雲分析

付款明細檔　①

文字雲分析
Key欄位：SGTXT(備註)
TF-IDF權重值(%)：10
文檔分類：公司代碼
最小字元數：2
語言：chinese　②

付款備註
_文字雲分析　③

風險導向稽核:快速掌握付款查核重點

將大量付款備註資料(自由格式)進行文字探勘快速掌握查核重點

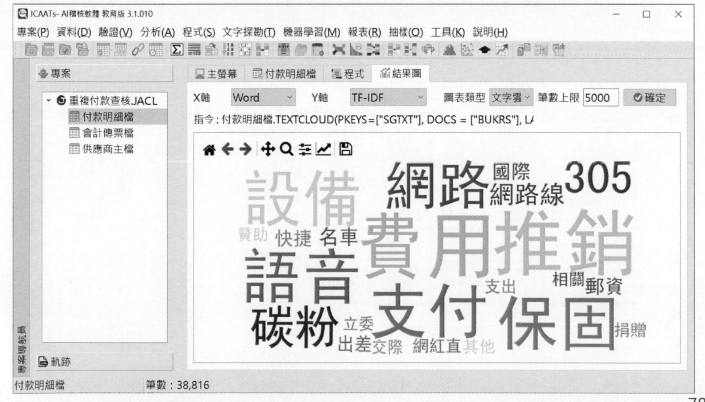

文字雲分析

- Setp1: 開啟 付款明細檔，點選「文字探勘>文字雲」

文字雲分析

- **Step2: 條件設定:** 點選「文字雲...」，選擇
  文字雲分析欄位為SGTXT(備註)

文字雲分析

Step2: 條件設定:

門檻值：選擇「TF-IDF權重值(%)」，採用預設之 10

文檔分類：選擇「公司代碼」(BUKRS)

最小字元數：設定為 2　　　　　語言：選擇「chinese」

■ Step3: 點選「輸出設定」，將資料表取名為:
付款備註_**文字雲分析**。

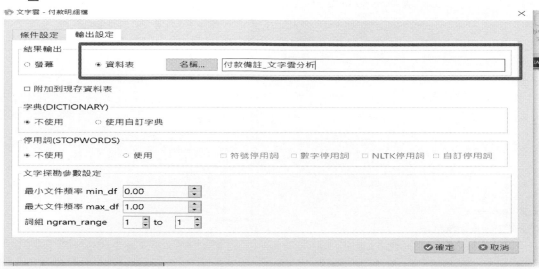

文字雲分析輸出結果–結果檢視

■ STEP4:可針對較大，進行分析，點選**結果圖**

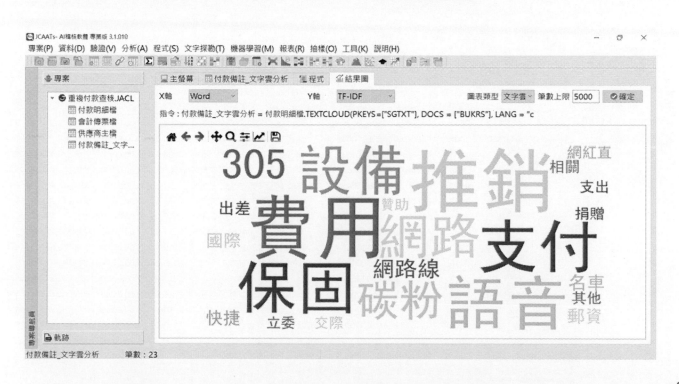

文字雲分析輸出結果-長條圖

Step5:點選圖表類型，選擇長條圖，檢視分析結果

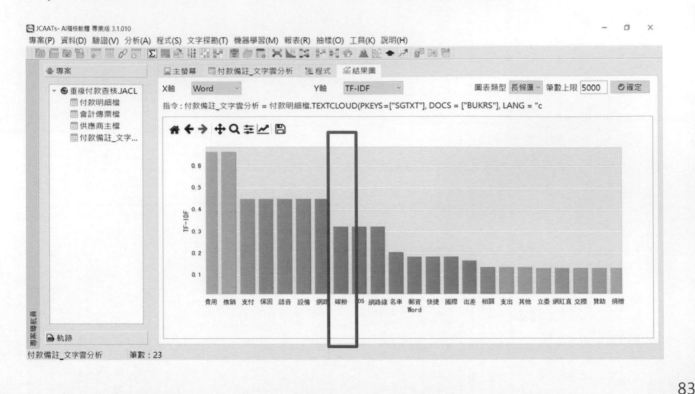

視覺化圖形設定—向下鑽篩選資料

■ 可雙擊長條圖，往下鑽篩選資料中需要加強分析項目

文字雲分析輸出結果-結果檢視

- 可也點選資料表，了解TF –IDF計算結果，進行相關分析
- 並可透過JCAATs AI稽核軟體內建強大文字探勘功能，輕鬆自訂字典、設定停用詞與設定進階分析參數等加強風險管理，提升稽核價值

補充說明:什麼是TF-IDF 文字分析機器學習 TF-IDF演算法

» TF-IDF (Term Frequency - Inverse Document Frequency) 是在文字探勘、自然語言處理當中相當著名的一種文字加權方法，能夠反映出「詞彙」對於「文件」的重要性。

TF:詞頻   IDF:逆向檔案頻率

» TF-IDF 的假設：

1. 一個「詞彙」越常出現在一篇「文件」中，這個「詞彙」越重要

2. 一個「詞彙」越常出現在多篇「文件」中，這個「詞彙」越不重要

參考資料：https://clay-atlas.com/blog/2020/08/01/nlp-%E6%96%87%E5%AD%97%E6%8E%A2%E5%8B%98%E4%B8%AD%E7%9A%84-tf-idf-%E6%8A%80%E8%A1%93/

TF-IDF 公式

TF
(Term Frequency)
每個詞在每個文件出現的比率

$$tf_{t,d} = \frac{n_{t,d}}{\sum_{k=1}^{T} n_{k,d}}$$

- TF (Term Frequency) **詞頻**
- 我們先把拆解出來的每個詞在各檔案出現的次數，一一列出，組成矩陣。接著當我們要把這個矩陣中，『詞1』在『文件1』的TF值算出來時，我們是用『**詞1在文件1出現的次數**』除以『**文件1中所有詞出現次數的總和(可說是總字數)**』。
  如此一來，我們才能在不同長度的文章間比較字詞的出現頻率。

· 參考資料：對文本重點字詞加權的TF-IDF方法 | by JiunYi Yang (JY)

TF-IDF 公式

IDF
(Inverse Document Frequency)
詞在所有文件的頻率
頻率越高表該詞越不具代表性，IDF值越小

譬如：你‧我‧他‧或‧於是‧因此...

$$idf_t = \log\left(\frac{D}{dt}\right)$$

- IDF (Inverse Document Frequency) **逆向檔案頻率**
- 我們這裡用IDF，計算該詞的「**代表性**」。
  由『**文章數總和**』除以『**該字詞出現過的文章篇數**』後，取**log值***。
  實際應用中為了避免分母=0，因此通常分母會是dt+1。

TF-IDF

篩選出重要的字詞

$$Score_{t,d} = tf_{t,d} \times idf_t$$

參考資料：對文本重點字詞加權的TF-IDF方法 | by JiunYi Yang (JY)

JCAATs
上機實作:資料準備
(Data Prepare)

1. 付款明細檔與傳票檔串聯

2. 廠商主檔相關資訊串聯

89

資料準備流程圖

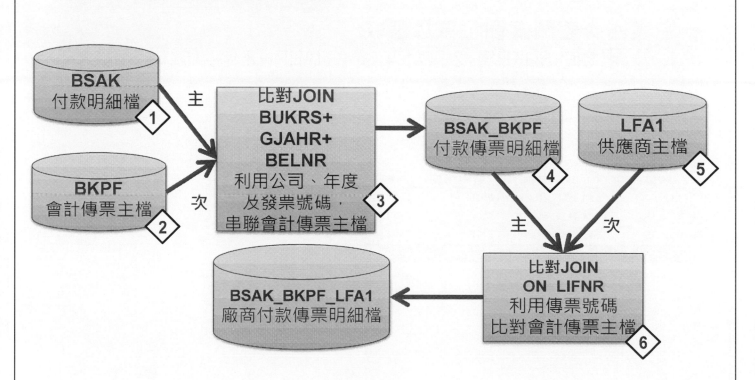

90

比對 JOIN: 資料準備1

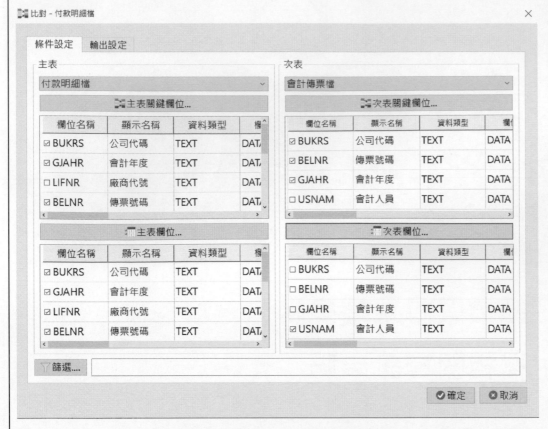

主表:選取
付款明細檔(BSAK)
次表:選取
會計傳票檔(BKPF)
關鍵欄位:
主表與此表選取依
序選取以下三欄位:
1. 公司代碼
   (BUKRS)
2.會計年度
   (GJAHR)
3.傳票號碼
   (BELNR)
主表欄位:
選取全部
次表欄位:
選取
會計人員
(USNAM)

91

將付款明細資料檔串聯會計傳票主檔

- **主表與次表關鍵欄位依據選取:**
  1. 公司代碼(BUKRS)+2.會計年度 (GJAHR)+3.傳票號碼 (BELNR)

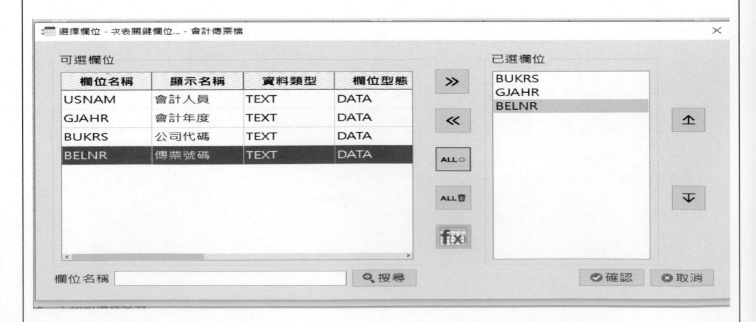

92

選取主表需要欄位:

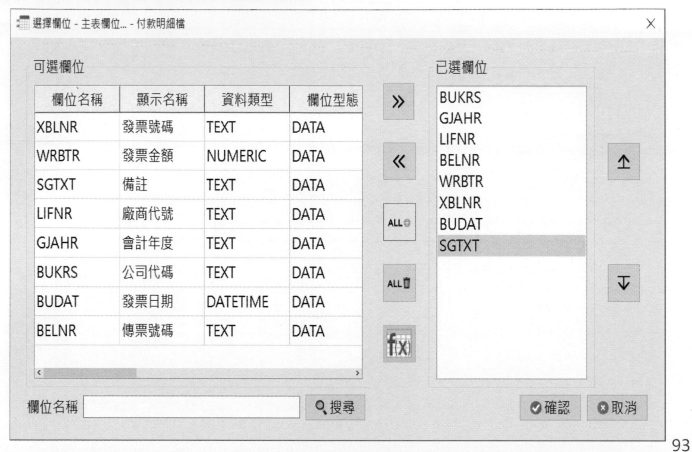

選取次表需要欄位:

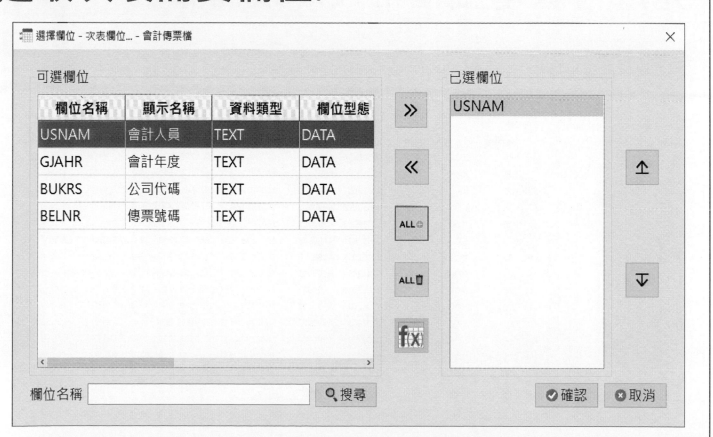

選取比對(Join)需要類型並存檔

自比對共六種類型中，選取:
Matched All Primary with the first Secondary
保留主表中所有資料與對應成功次表之第一筆資料。

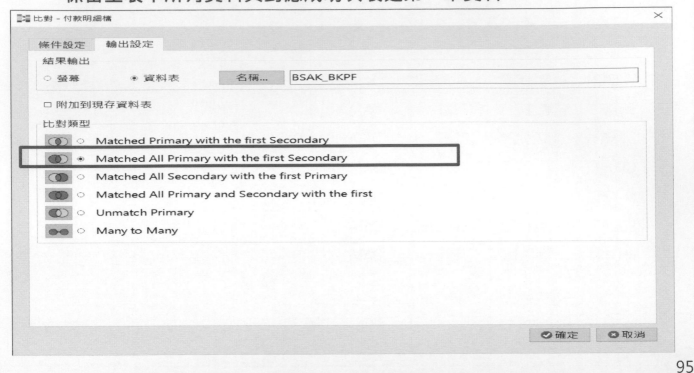

95

完成付款明細檔帶入傳票檔欄位

96

比對 JOIN: 資料準備2

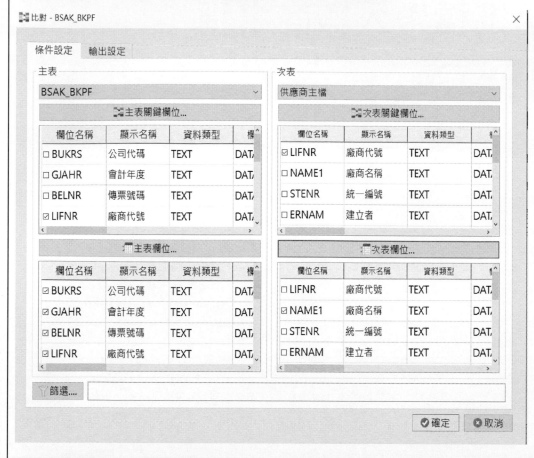

主表:選取
BSAK_BKPF
次表:選取
供應商主檔(LFA1)
關鍵欄位:
主表與此表選取依
序選取Key欄位為:
廠商代碼 (LIFNR)

主表欄位:
選取全部
次表欄位:
選取
**廠商名稱
(NAME1)**
或其他需要欄位

97

選取比對(Join)需要類型並存檔

自比對共六種類型中,選取:
Matched All Primary with the first Secondary
保留主表中所有資料與對應成功次表之第一筆資料。

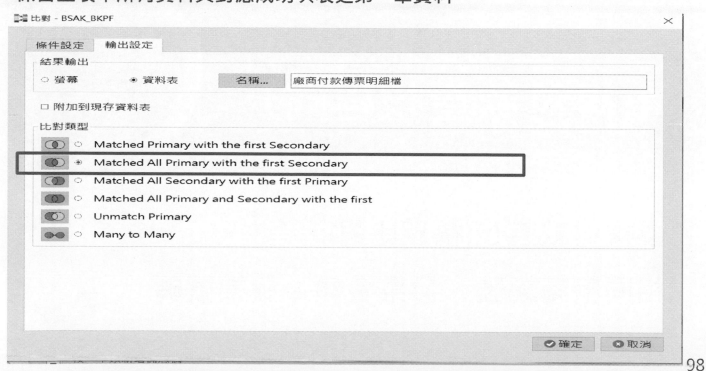

98

完成資料準備:
付款傳票明細檔帶入廠商名稱

JCAATs- AI檔板軟體 專業版 3.1.010

專案(P) 資料(D) 驗證(V) 分析(A) 程式(S) 文字探勘(T) 機器學習(M) 報表(R) 抽樣(O) 工具(K) 說明(H)

專案

	公司代碼	會計年度	傳票號碼	發票日期	發票號碼	發票金額	廠商代號	廠商名稱
0	1000	2006	100118857	2006-07-01 00:00:00	IT10086687	21105891.49	A100000	AAdams & Meddick
1	1000	2006	100135647	2006-09-01 00:00:00	IT10111206	24169919.48	A100000	AAdams & Meddick
2	1000	2006	100115499	2006-09-01 00:00:00	IT10109527	20493085.89	A100000	AAdams & Meddick
3	1000	2006	100122215	2006-05-01 00:00:00	IT10063825	21718697.09	A100000	AAdams & Meddick
4	1000	2006	100105425	2006-03-01 00:00:00	IT10039016	18654669.09	A100000	AAdams & Meddick
5	1000	2006	100112141	2006-11-01 00:00:00	IT10132366	19880280.29	A100000	AAdams & Meddick
6	1000	2006	100125573	2006-03-01 00:00:00	IT10040695	22331502.69	A100000	AAdams & Meddick
7	1000	2006	100139005	2006-07-01 00:00:00	IT10088366	24782725.08	A100000	AAdams & Meddick
8	1000	2006	100108783	2006-01-01 00:00:00	IT10016392	19267474.69	A100000	AAdams & Meddick
9	1000	2006	100128931	2006-01-01 00:00:00	IT10018071	22944308.29	A100000	AAdams & Meddick
10	1000	2006	100132289	2006-11-01 00:00:00	IT10134045	23557113.89	A100000	AAdams & Meddick
11	1000	2006	100102106	2006-08-01 00:00:00	IT10096850	18048980.65	A100000	AAdams & Meddick
12	1000	2006	100108784	2006-02-01 00:00:00	IT10027969	19267657.18	A100001	AAmerican Tech
13	1000	2006	100102107	2006-09-01 00:00:00	IT10108411	18049163.15	A100001	AAmerican Tech
14	1000	2006	100132290	2006-12-01 00:00:00	IT10145591	23557296.38	A100001	AAmerican Tech

重複付款查核.JACL
　付款明細檔
　會計傳票檔
　供應商主檔
　付款備註_文字...
　BSAK_BKPF
　廠商付款傳票...

軌跡

廠商付款傳票明細檔　　筆數：38,816

99

 | AI Audit Expert

JCAATs
上機實作:
重複付款查核程式1

Copyright © 2023 JACKSOFT.

重複付款查核(精確比對):

相同廠商編號、發票金額、發票號碼

100

重複付款查核程式1: 稽核流程圖

分析資料– 重複 DUPLICATE

- 開啟:
  廠商付款傳票明細檔
- 自選單中選取:
  驗證→重複 Duplicate
- 條件設定:
  重複檢查欄位:
  選取以下三個欄位:
  – 廠商代號(LIFNR)
  – 發票金額(WRBTR)
  – 發票號碼(XBLNR)
- 列出欄位:
  選取全部欄位
- 輸出設定:
  檔名為Result_1,點選「確定」

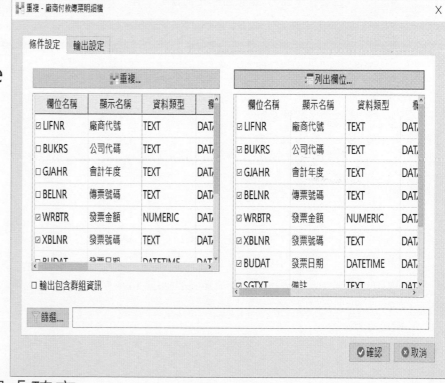

選擇重複檢查之欄位

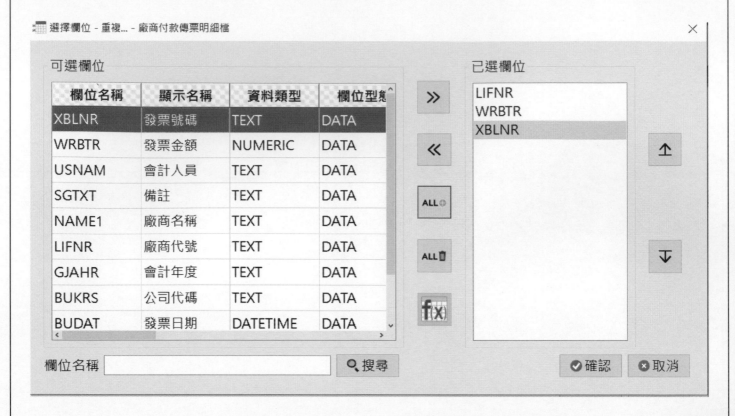

選擇要列出之欄位

輸出設定: 將查核分析結果存檔

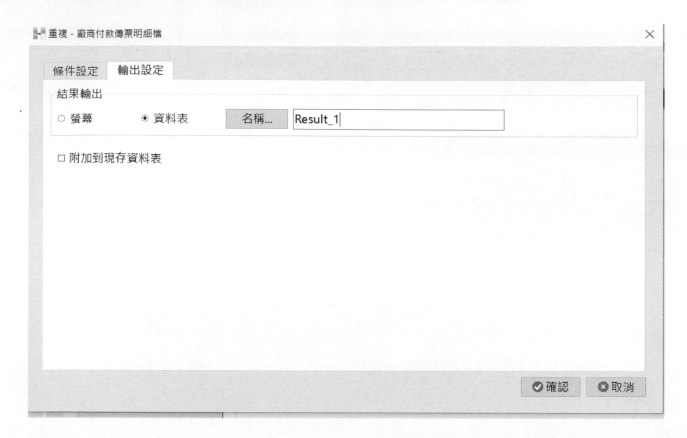

查核程式1: 精確重複查核結果

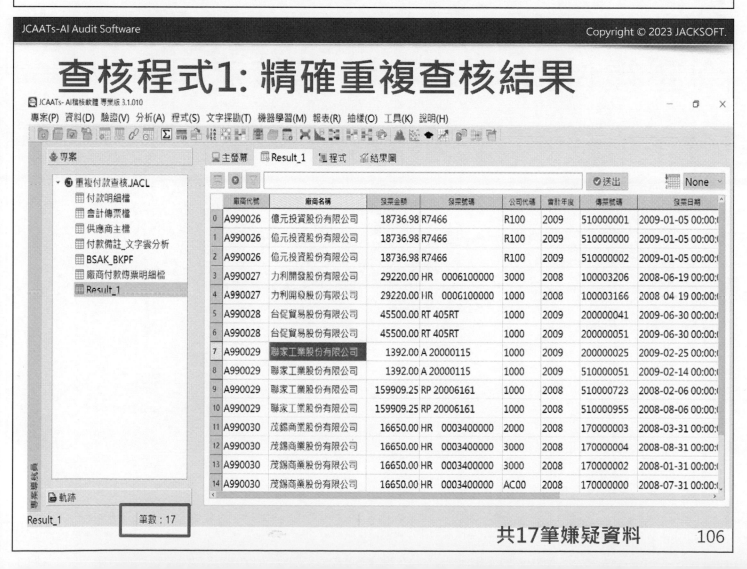

共17筆嫌疑資料

jacksoft | AI Audit Expert

JCAATs 上機實作: 重複付款查核程式2

重複付款查核-資料校正

(發票號碼大寫轉換)

Copyright © 2023 JACKSOFT.

重複付款查核程式2:稽核流程圖

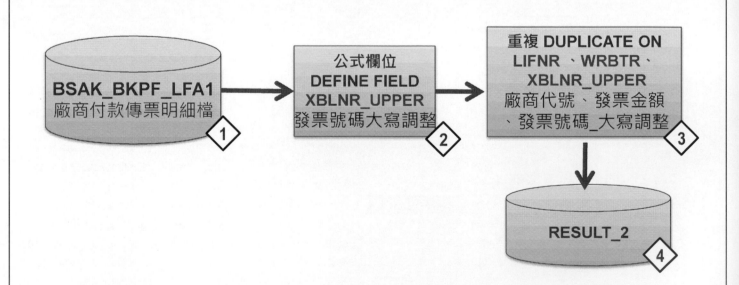

BSAK_BKPF_LFA1
廠商付款傳票明細檔 ①

公式欄位
DEFINE FIELD
XBLNR_UPPER
發票號碼大寫調整 ②

重複 DUPLICATE ON
LIFNR、WRBTR、
XBLNR_UPPER
廠商代號、發票金額
、發票號碼_大寫調整 ③

RESULT_2 ④

開啟廠商付款傳票明細檔
於資料選單中點選資料表結構

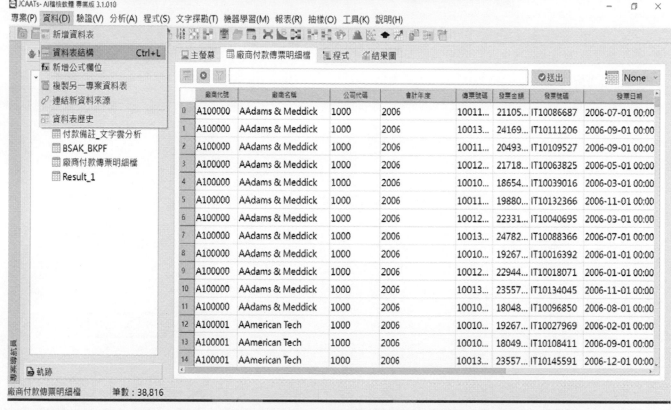

分析資料– 新增一計算欄位

- 選擇:
  F(X) (新增公式欄位)
- 欄位名稱為 :
  XBLNR_UPPER
- 顯示名稱為 :
  發票號碼大寫調整
- F(X)初始值設定為
  XBLNR.str.upper()
- 完成後進行「確定」

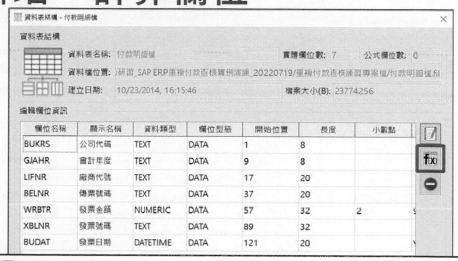

常見的重複付款的錯誤為因資料大小寫而系統誤判

設定公式欄位將發票號碼運用函式統一轉換為大寫

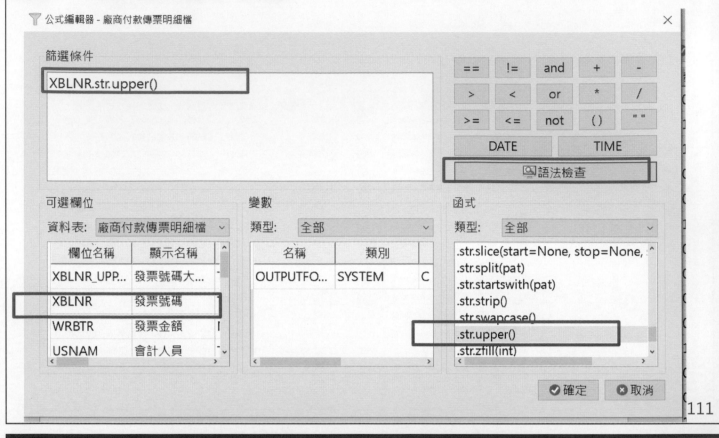

完成公式欄位新增

使用新欄位重新進行重複DUPLICATE查核

- 開啟:
  廠商付款傳票明細檔
- 自選單中選取:
  驗證→重複 Duplicate
- 條件設定:
  重複檢查欄位:
  選取以下三個欄位:
  - 廠商代號(LIFNR)
  - 發票金額(WRBTR)
  - 發票號碼大寫調整
    (XBLNR_UPPER)
- **列出欄位**:選取全部欄位
- **輸出設定:**
  檔名為Result_2,點選「確定」

113

查核程式2: 以發票大寫調整
進行重複查核結果

共23筆嫌疑資料　　114

JCAATs
上機實作:
重複付款查核程式3

重複付款查核-資料校正

(發票號碼亂碼調整)

115

重複付款查核程式3- 稽核流程圖

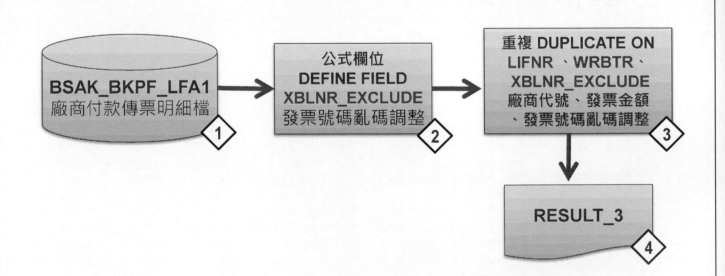

分析資料– 新增一計算欄位

- 開啟:
  廠商付款傳票明細檔
  開啟:資料表結構
- 選擇:
  F(X) (新增公式欄位)
- 欄位名稱:為
  XBLNR_EXCLUDE
- 顯示名稱為:
  發票號碼亂碼調整
- F(X)初始值設定為
  XBLNR.str.replace
  (r"[^\w]|_" ,"")
- 完成後進行「確定」

117

設定公式欄位將發票號碼運用函式去除符號或亂碼等

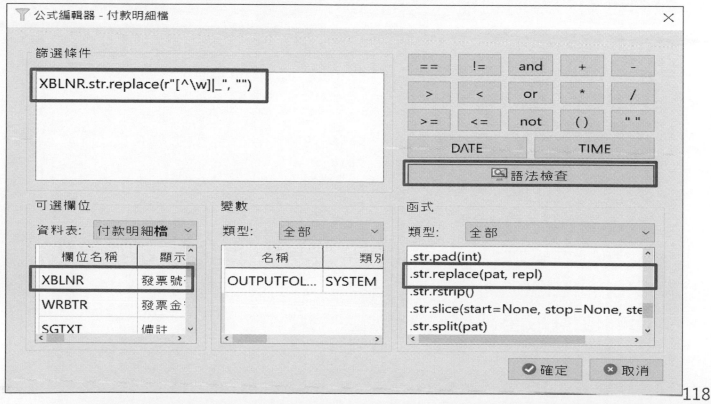

118

完成公式欄位新增

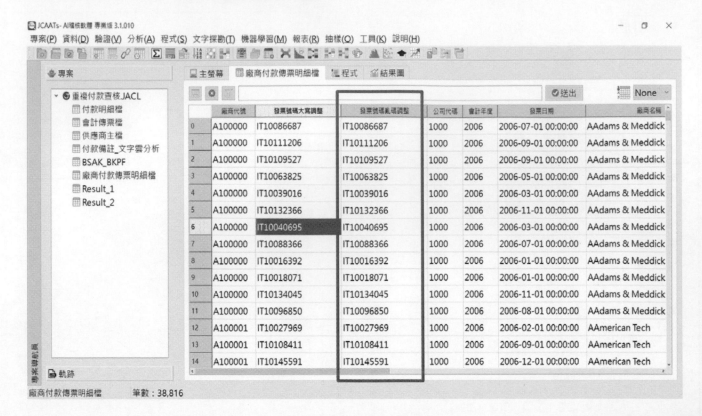

使用新欄位重新進行重複DUPLICATE查核

- 開啟:
  廠商付款傳票明細檔
- 自選單中選取:
  驗證→重複 Duplicate
- 條件設定:
  重複檢查欄位:
  選取以下三個欄位:
  - 廠商代號(LIFNR)
  - 發票金額(WRBTR)
  - 發票號碼亂碼調整
    (XBLNR_EXCLUDE)
- **列出欄位:**選取全部欄位
- **輸出設定:**
  檔名為Result_3,點選「確定」

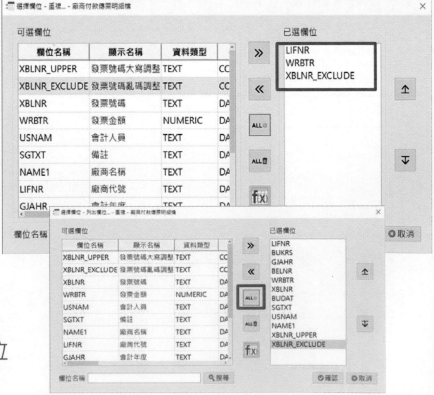

查核程式三: 以發票亂碼調整
進行重複查核結果

共30筆嫌疑資料　　　121

jacksoft | AI Audit Expert
www.jacksoft.com.tw

JCAATs
上機實作:
重複付款查核程式4

Copyright © 2023 JACKSOFT.

重複付款查核-發票號碼正規化

(大小寫與亂碼)

重複付款查核程式4-稽核流程圖

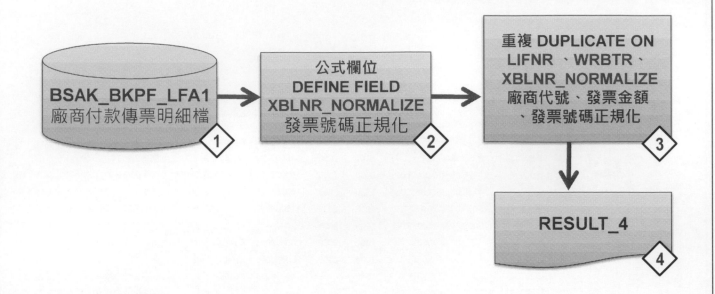

函式說明 — 組合函式

此類函式為將現有的系統函式可以整合在一起來共同執行，產生一個新函式的效果。注意:並不是每一個函式都可以和其他函式整合成組合函式。

語法: Field.函式1.函式2

Vendor No	VendorName	Amount
10001	a._BC	100
10001	B!c@D	400
10001	C !.dE	500
10002	X{y}Z	200
10003	T+u-V	300

Vendor No	Vendor Name	New Name	Amount
10001	a._BC	ABC	100
10001	B!c@D	ABC	400
10001	C !.dE	CDE	500
10002	X{y}Z	XYZ	200
10003	T+u-V	TUV	300

- 範例: 同時考慮欄位大小寫與亂碼問題？

- VendorName.str.upper().str.replace(r"[^\w]|_" ,"")

分析資料– 新增一計算欄位

- 開啟:
  廠商付款傳票明細檔
  開啟:資料表結構
- 選擇:
  F(X) (新增公式欄位)
- 欄位名稱:為
  XBLNR_NORMALIZE
- 顯示名稱為:
  發票號碼正規化
- F(X)初始值設定為:
  XBLNR.str.upper()
  .str.replace(r"[^\w]|_", "")
- 完成後進行「確定」

使用新欄位重新進行重複DUPLICATE查核

- 開啟:
  廠商付款傳票明細檔
- 自選單中選取:
  驗證→重複 Duplicate
- 條件設定:
  重複檢查欄位:
  選取以下三個欄位:
  – 廠商代號(LIFNR)
  – 發票金額(WRBTR)
  – 發票號碼正規化
  　(XBLNR_NORMALIZE)
- **列出欄位:**選取全部欄位
- **輸出設定:**
  檔名為Result_4，點選「確定」

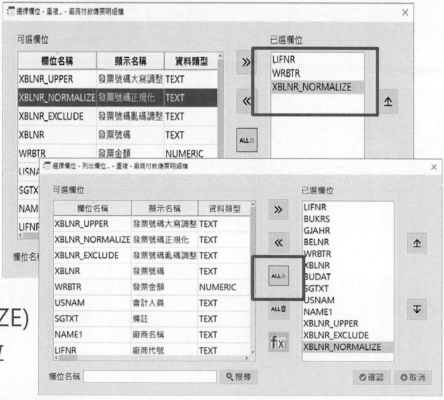

查核程式4: 以發票正規化
進行重複查核結果

共36筆嫌疑資料

127

---

jacksoft | AI Audit Expert
www.jacksoft.com.tw

JCAATs
上機實作:
重複付款查核程式5

運用AI人工智慧文字探勘進行重複付款查核

(廠商名稱模糊重複)

128

重複付款查核程式5- 稽核流程圖

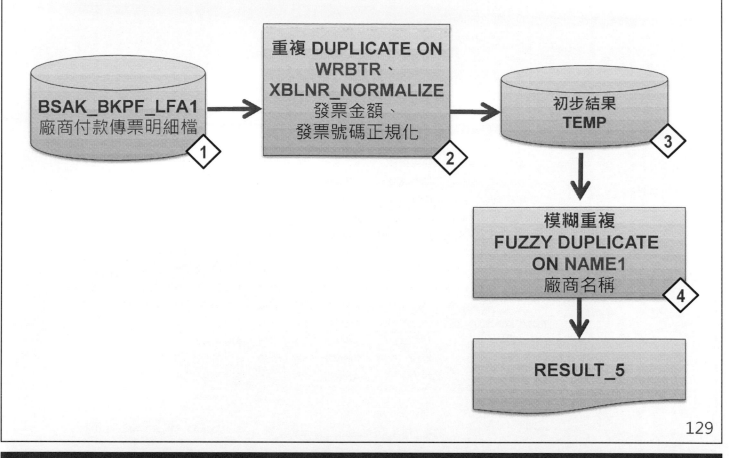

進行重複DUPLICATE查核

- 開啟:
  廠商付款傳票明細檔
- 自選單中選取:
  驗證→重複 Duplicate
- 條件設定:
  重複檢查欄位:
  選取以下兩個欄位:
  – 發票金額(WRBTR)
  – 發票號碼正規化
    (XBLNR_NORMALIZE)
- **列出欄位**:選取全部欄位
- **輸出設定**:
  檔名為TEMP,點選「確定」

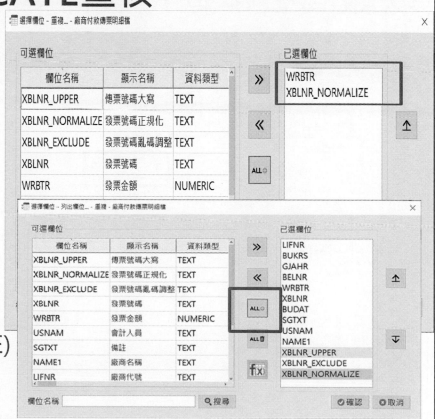

初步結果: 相同金額與發票號碼正規化

共67筆嫌疑資料　　　131

以廠商名稱進行模糊重複查核

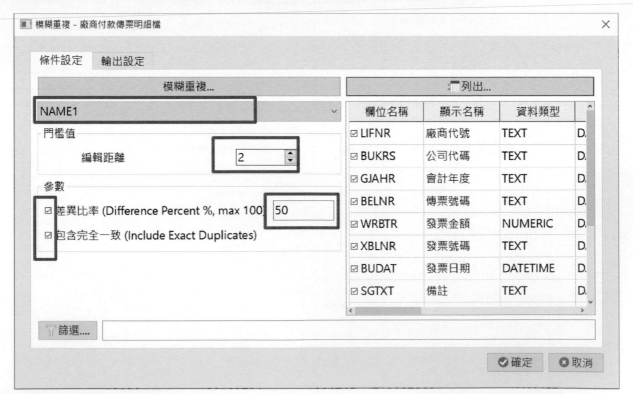

差異門檻值: 編輯距離為2　　　　　　　　　　　　列出:ALL 全部欄位
參數:差異比率設定為50% (原預設值)，勾選完全一致　輸出設定: 檔名為Result_5
(精確重複)選項　　　　　　　　　　　　　　　　點選「確定」。　　132

查核程式5: 廠商名稱模糊重複查核結果

共46筆嫌疑資料   133

jacksoft | AI Audit Expert

JCAATs
上機實作:
SAP ERP 資料萃取方法

Copyright © 2023 JACKSOFT.

1. T_CODE下載

2. JCAATs SAP ODBC Connector

134

SAP ERP 版本

SAP R/1 → SAP R/2 → SAP R/3 → SAP ECC → SAP Business Suite on HANA → SAP S/4 HANA → SAPS/4 HANA Cloud

➢ **SAP R/2:** 基於SAP Main frame的ERP系統。

➢ **SAP R/3:** 在1997年，當SAP轉換到client server架構，稱為 SAP R/3 (3 Tier Architecture)。也稱MySAP business suite。

➢ **SAP ECC:** SAP推出了6.0的新版本，並將其更名為ECC (ERP Core Component)。

➢ **SAP Business Suite on HANA:** 介於S/4 HANA 和 ECC 6 EHP7之間的版本，具備HANA的功能或提高效能。

➢ **SAP S/4 HANA:** SAP推出自己可以處理大數據的HANA資料庫 (以前大多搭配Oracle資料庫)，並將其ERP產品遷移到HANA。

➢ **SAP S/4 HANA on cloud:** S/4 HANA 也可以在雲上使用， 它被稱為S/4 HANA cloud。

135

SAP 整合功能架構圖

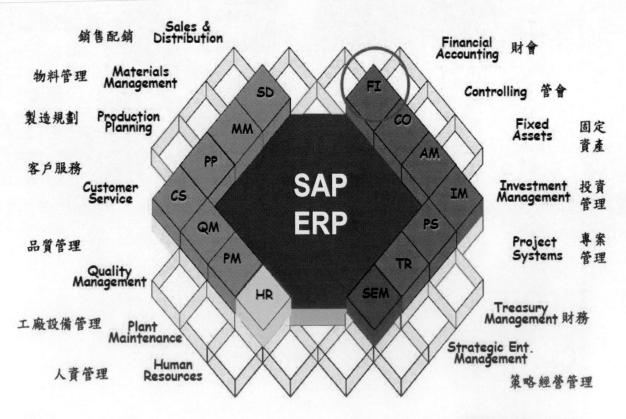

資料來源: SAP　　136

SAP ERP 查核項目

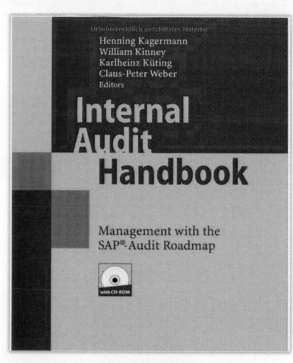

294 頁   608 頁

常見SAP ERP資料擷取方法

- ABAP Programming
- ABAP 4 Query
- SAP Data browser
- 由查詢畫面或報表儲存資料

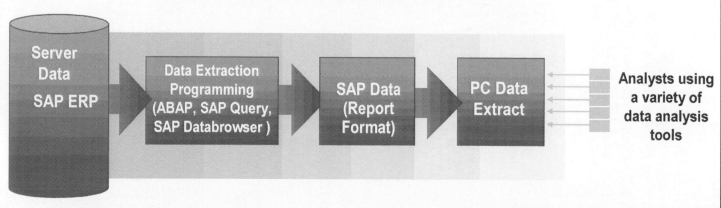

若您使用SAP S/4 要將列表資料匯出到Excel:
Step1: Download 下載將列表內容儲存於檔案中
Step2: 選擇存檔格式 (Text with Tabs)

T_CODE 下載: SE16

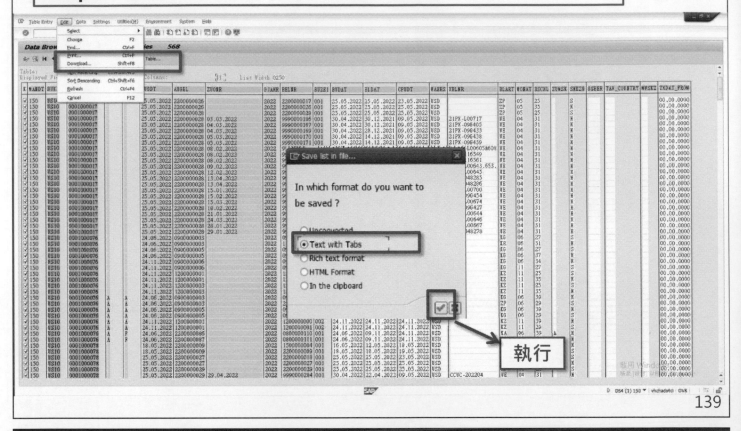

139

若您使用SAP ECC6 要將列表資料匯出到Excel:
Step1: Download 下載將列表內容儲存於檔案中
Step2: 選擇存檔格式 Spreadsheet

T_CODE 下載: SE16

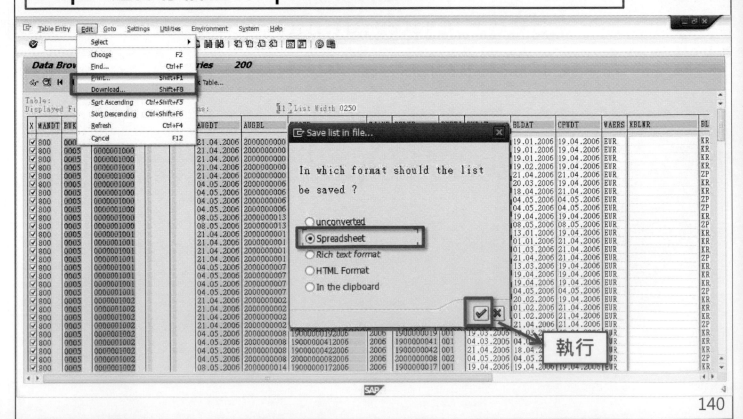

140

檔案名稱要存成 .xls 格式的檔，即可以在 Excel上打開此檔

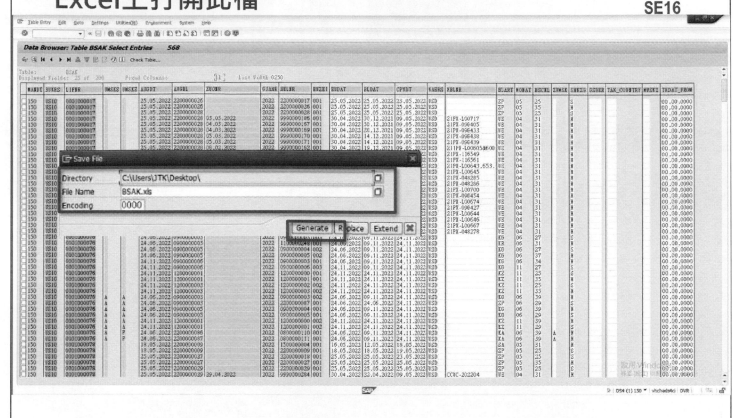

需耐心等待資料轉換

JCAATs SAP ERP 稽核 資料倉儲解決方案

143

稽核資料倉儲

--提高各單位生產力與加快營運知識累積與發揮價值

- 依據國際IIA 與 AuditNet 的調查,分析人員進行電腦資料分析與檢核最大的瓶頸來至於資料萃取,而營運分析資料倉儲建立即可以解決此問題,使分析部門快速的進入到持續性監控的運作環境。

- 營運分析資料倉儲技術已廣為使用於現代化的企業,其提供營運分析部門將所需要查核的相關資料進行整合,提供營運分析人員可以獨立自主且快速而準確的進行資料分析能力。

- 可減少資料下載等待時間、資料管理更安全、分析與檢核底稿更方便分享、24小時持續性監控效能更高。

144

建構稽核資料倉儲優點:

	特性	建構稽核資料倉儲優點	未建構缺點
1	資訊安全管理	區別資料與查核程式於不同平台，資訊安全管理較嚴謹與方便	混合查核程式與資料，資訊安全管理較複雜與困難
2	磁碟空間規劃	磁碟空間規劃與管理較方便與彈性	較難管理與預測磁碟空間需求
3	異質性資料	因已事先處理，稽核人員看到的是統一的資料格式，無異質性的困擾	稽核人員需對異質性資料處理，有技術性難度
4	資料統一性	不同的稽核程式，可以方便共用同一稽核資料	稽核資料會因不同分析程式需要而重複下載
5	資料等待時間	可事先處理資料，無資料等待問題	需特別設計
6	資料新增週期	動態資料新增彈性大	需特別設計
7	資料生命週期	可以設定資料生命週期，符合資料治理	需要特別設計
8	Email通知	可自動email 通知資料下載執行結果	需人工自行檢查
9	Window統一檔案權限管理	由Window作業系統統一檔案的權限管理，資訊單位可以透過AD有效確保檔案安全	資料檔案分散於各機器，管理較困難，或需購買額外設備管理

持續性稽核規劃架構

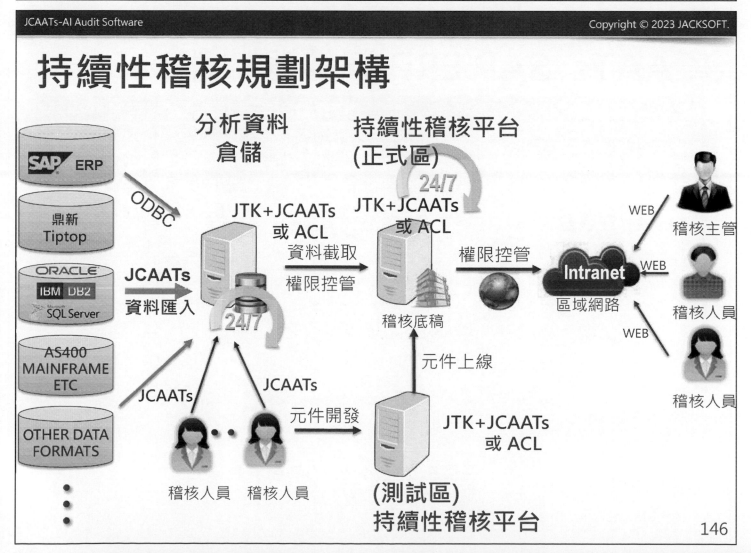

所需的查核資料可
快速下載至JCAATs 中
供稽核人員直接使用

147

JCAATs SAP ERP 連結器特性

比較項目	SAP ODBC+ JCAATs
SAP 推薦第三方資料連接方式	使用外掛ODBC Driver，透過標準SAP GUI呼叫RFC function來連線取得資料，RFC function為SAP所推薦的第三方程式介接的方法
Server 安裝方式	使用符合SAP 規範的 ABAP RFC Function modules方式來安裝
技術複雜性	使用最通用的ODBC介面，無學習困難
資料字典	提供SAP稽核資料倉儲所需的基本Data Dictionary，可以使用英文/中文 Dictionary
資料下載量	資料下載為稽核資料分析檔案(FIL)，資料量受限於SAP設定
使用效能	提供**Extract Now** (直接)下載模式，可利用自動排程方式執行提高效率。

148

Copyright © 2023 JACKSOFT.

JCAATs SAP ERP 資料連接器設定

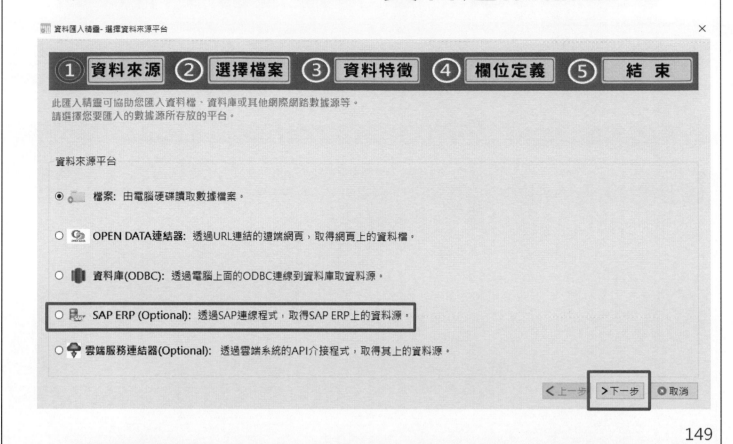

提供通用的SAP稽核字典,方便進行
資料欄位檢索,找出你需要的查核標的

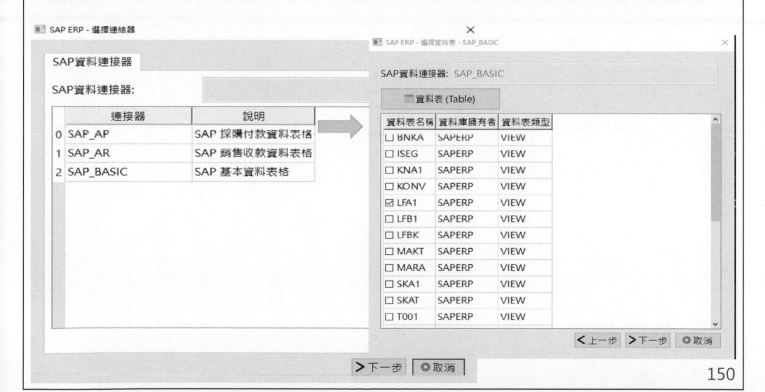

JCAATs SAP ERP 連接器使用介面

- 透過更新進技術的開發，讓使用者擁有第一等級的資料庫連結的介面，讓您你可以直接查看相關常用欄位....

151

JCAATs SAP ERP連接器結果資料匯入畫面

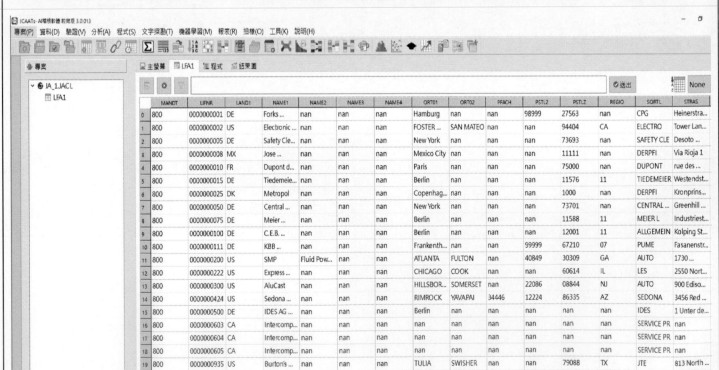

152

JCAATs
SAP ERP
AI稽核機器人實務應用

稽核部門的未來發展

Touchstone Insights - Data Analytics

Analytics Related Activities

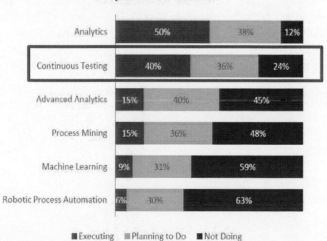

- No need
- Lack of tools
- Lack of skills

Activity	Executing	Planning to Do	Not Doing
Analytics	50%	38%	12%
Continuous Testing	40%	36%	24%
Advanced Analytics	15%	40%	45%
Process Mining	15%	36%	48%
Machine Learning	9%	31%	59%
Robotic Process Automation	6%	30%	63%

■ Executing ■ Planning to Do ■ Not Doing

2021 INTERNATIONAL CONFERENCE · VIRTUAL EVENT

資料來源：2021 INTERNATIONAL CONFERENCE,Internal Audit Department of Tomorrow,Phil Leifermann,MBA,CIA,CISA,CFE,Shagen Ganason,CIA

持續性稽核及持續性監控管理架構

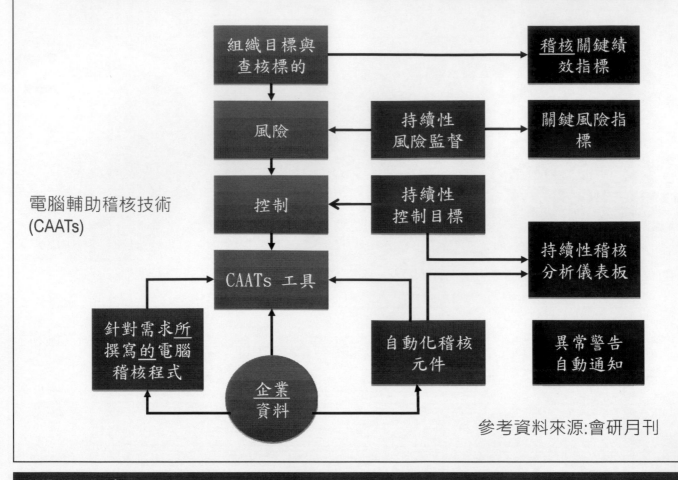

電腦輔助稽核技術
(CAATs)

參考資料來源:會研月刊

155

建置持續性稽核APP的基本要件

- 將手動操作分析改為自動化稽核
  - 將專案查核過程轉為JCAATs Script
  - 確認資料下載方式及資料存放路徑
  - JCAATs Script修改與測試
  - 設定排程時間自動執行

- 使用持續性稽核平台
  - 包裝元件
  - 掛載於平台
  - 設定執行頻率

156

將專案查核過程軌跡另存程式(Script)

稽核自動化- 開啟程式(SCRIPT)執行

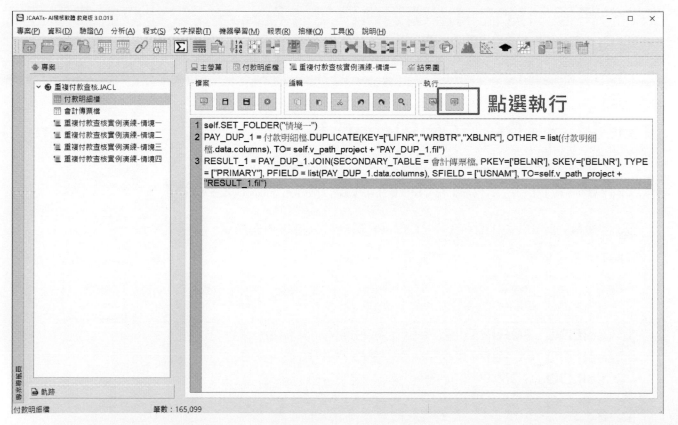

執行程式(Script)後顯示結果

共17筆嫌疑資料

Result_1   筆數：17

159

可以將多個程式一次一起執行

1. 先將個別查核情境透過軌跡另存程式方式來建立其個別程式 (Script)，計四支程式；
2. 使用新增程式指令，程式名稱: Main_重複付款查核實例演練；
3. 使用 self.DO_SCRIPT(pat) 語法，將一個一個程式(Script)名稱編輯入 Main程式內，然後存檔;
4. 點擊執行，即可以將四個查核程式一起執行。

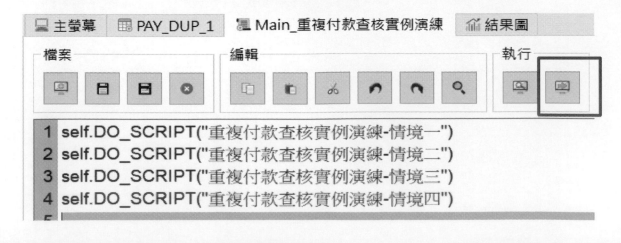

160

如何建立JCAATs專案持續稽核

➤ 持續性稽核專案進行六步驟：

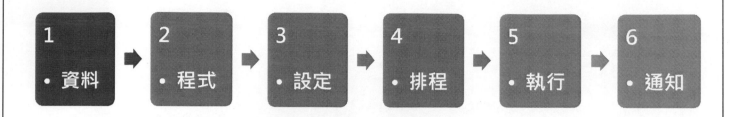

| 1 · 資料 | 2 · 程式 | 3 · 設定 | 4 · 排程 | 5 · 執行 | 6 · 通知 |

▲ 稽核自動化：

電腦稽核主機－一天可以工作24 小時

以上演練進行持續性稽核機器人封裝

JBOT練習_重
複付款查核機
器人.exe

安裝

選取欲查核程式- [JTK20221129100427] -JTK 專業版 Version 7.0

選取所需的查核程式
可動態的選取所要查核的項目，加速查核作業。

上一步　執行分析　專案存檔　取消

基本資料
專案名稱：JTK20221129100427　　資料來源：資料倉儲
模組名稱：採購及付款循環　　建立時間：2022/11/29 10:04:27
作業名稱：付款作業_JCAATs_練習

欲查核之稽核程式
☑ 全選

選取	元件編號	元件名稱	稽核目標	收件人
☑	T5010001	重複付款查核實例演練-情境一	針對付款記錄進行查核，篩選疑似重複付款之異常項目，進行深入追查	@
☑	T5010002	重複付款查核實例演練-情境二	發票號碼正規化(大小寫)	@
☑	T5010003	重複付款查核實例演練-情境三	發票號碼正規化(亂碼)	@
☑	T5010004	重複付款查核實例演練-情境四	發票號碼正規化(大小寫與亂碼)	@

JACKSOFT的JBOT_SAP
重複付款查核機器人範例

安裝 →

JBOT_SAP重
複付款查核機
器人.exe

選取欲查核程式- [JTK20221129110125] -JTK 專業版 Version 7.0　　　　　　　　　－　□　×

選取所需的查核程式
可動態的選取所要查核的項目,加速查核作業。

上一步　執行分析　專案存檔　取消

基本資料

專案名稱:	JTK20221129110125
模組名稱:	採購及付款循環
作業名稱:	付款作業_JCAATs

資料來源:	資料倉儲
建立時間:	2022/11/29 11:01:25

欲查核之稽核程式

☑ 全選

選取	元件編號	元件名稱	稽核目
☑	JS2J0001	重複付款之異常發票號碼查核	檢核供應商是否有不尋常的發票,可能會導致重礼
☑	JS2J0002	重複付款之相同供應商、金額、日期但不同發票編號格式查核	利用供應商發票號碼檢核是否有疑似重複的付款言
☑	JS2J0003	重複付款之相同供應商、金額,但不同發票日期查核	利用供應商開立之發票檢核是否有疑似重複的付款
☑	JS2J0004	重複付款之相同供應商、相同金額但不同發票號碼查核	利用供應商發票號碼檢核是否有疑似重複的付款
☑	JS2J0005	重複付款之相同供應商、相同金額且類似發票日期查核	利用供應商發票號碼檢核是否有疑似重複的付款
☑	JS2J0006	重複付款之相同供應商且類似金額查核	檢核供應商是否有相同的供應商且類似金額查核
☑	JS2J0007	重複付款之相同金額、相同日期且不同供應商查核	檢核交易是否有相同金額、相同日期但不同供應

163

JTK 持續性電腦稽核管理平台

超過百家客戶口碑肯定 持續性稽核第一品牌

無 縫 接 軌　AI　智 慧 稽 核 新 作 業 環 境

透過最新 AI 智能大數據資料分析引擎,進行持續性稽核 (Continuous Auditing) 與持續性監控 (Continuous Monitoring) 提升組織韌性,協助成功數位轉型,提升公司治理成效。

📁 海量資料分析引擎

利用CAATs不限檔案容量與強大的資料處理效能,確保100%的查核涵蓋率。

🔒 資訊安全 高度防護

加密式資料傳遞、資料遮罩、浮水印等資安防護,個資有保障,系統更安全。

👀 多維度查詢稽核底稿

可依稽核時間、作業循環、專案名稱、分類查詢等角度查詢稽核底稿。

📊 多樣圖表 靈活運用

可依查核作業特性,適性選擇多樣角度,對底稿資料進行個別分析或統計分析。164

JTK 持續性電腦稽核管理平台

提高稽核效率 發揮稽核價值

開發稽核自動化元件　　　　經濟部發明專利第 I 380230號　　　稽核結果E-mail 通知

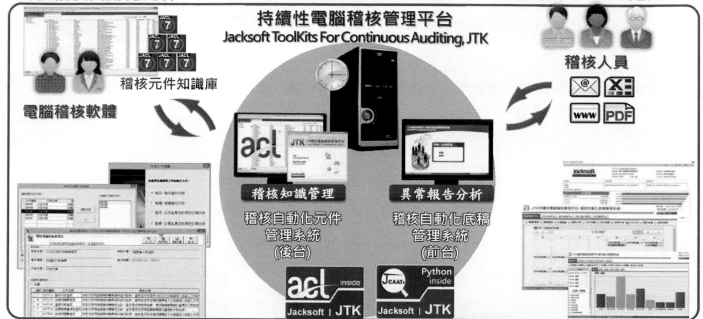

稽核元件知識庫

電腦稽核軟體

持續性電腦稽核管理平台
Jacksoft ToolKits For Continuous Auditing, JTK

稽核知識管理　　　異常報告分析

稽核自動化元件　　稽核自動化底稿
管理系統　　　　　管理系統
(後台)　　　　　　(前台)

稽核人員

acl inside
Jacksoft | JTK

Python inside
Jacksoft | JTK

稽核自動化元件管理　　　　　　　稽核自動化底稿管理與分享

■稽核自動化：電腦稽核主機
一天24小時一周七天的為我們工作。

JTK | Jacksoft ToolKits For Continuous Auditing
The continuous auditing platform

165

JTK持續性稽核平台儀表板

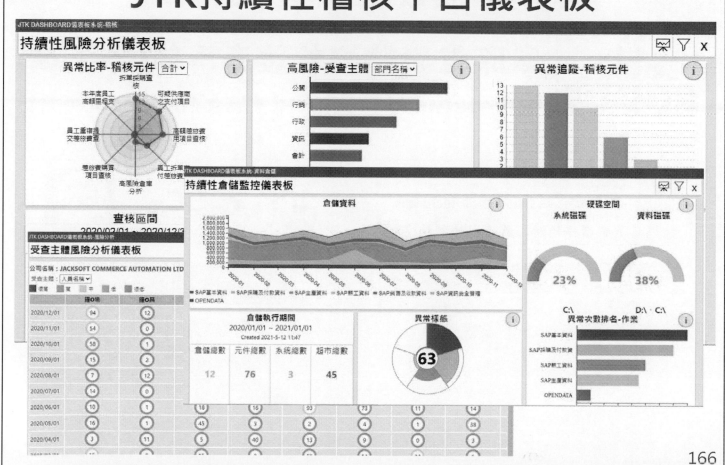

166

電腦稽核軟體應用學習Road Map

資訊科技實務導向　　　　　　　　　財會領域實務導向

國際網際網路稽核師　國際資料庫電腦稽核師　　國際ERP電腦稽核師　國際鑑識會計稽核師

國際電腦稽核軟體應用師

167

專業級證照- ICCP

國際電腦稽核軟體應用師(專業級)
International Certified CAATs Practitioner

 CAATs
-Computer-Assisted Audit Technique
強調在電腦稽核輔助工具使用的職能建立

職能	說明
目的	證明稽核人員有使用電腦稽核軟體工具的專業能力。
學科	電腦審計、個人電腦應用
術科	CAATs 工具

CAATTs and Other BEASTs for Auditors
by David G. Coderre

168

課程預告--ICAEA國際認證課程

2023/02/15(三) AI離群分析(Outlier)- 帳務與費用查核應用實例演練

jacksoft AI Audit Expert　　　　🔵 AI稽核實戰演練

AI 離群分析(Outlier) – 帳務與費用查核應用實例演練

ICAEA 國際電腦稽核教育協會認證課程　　　上機實作

課程簡介

~AI來襲，學習AI人工智慧資料分析稽核工具，提升公司治理效能~

帳務舞弊與資金挪用案例頻傳，傳統稽核方式只能找到冰山的一角，唯有改變傳統無效的查核方式，才能確保查核的有效性，事先偵測冰山下的風險。AI人工智慧相關技術快速發展，將先進的AI資料分析技術應用於帳務與費用的查核，協助組織提升韌性，確保內部控制與公司治理的成效，增加子公司遠端異地監理效能，迎向後疫時代數位轉型的機會與挑戰。

本課程為國際電腦稽核教育協會(ICAEA)認證之課程，教學方式由具備國際專業的稽核實務顧問帶領學員運用AI人工智慧稽核軟體實例上機操作，並搭配實務查核案例演練，與一般純理論與概念的課程不同，搭配具有AI人工智慧功能強大之JCAATs適用稽核軟體，協助您以最快速有效的方式，將課堂所學習技巧，於工作中呈現績效，歡迎各階管理者、會計師、內部稽核等有興趣的專業人士共同參與學習。

課程細節
　　　　　　　　　　回首頁▶▶　　更多認證課程▶▶

課程名稱	AI離群分析(Outlier)-帳務與費用查核應用實例演練
時　間	2023/02/15(三) 09:30~16:30 (共6小時; 16:30~16:40測驗)
地　點	實體教室：台北市大同區長安路180號3F之2(基泰商業大樓) 【地圖連結】
進修時數	課後可登錄「公開發行公司內部人員在職進修」、「ICAEA持續專業進修(CPE)」、「公務人員進修」，以及「CIA、CISA」等證照之持續進修時數6小時。
課程大綱	1. AI人工智慧帳務與費用稽核實務應用 2. 帳務舞弊與資金挪用查核案例分析 3. 常見的總帳查核重要項目 4. AI人工智慧稽核軟體功能介紹 5. 指令實習：OUTLIER(離群)、分類(Classify)、文字雲(TextCloud)等指令應用 6. 離群(OUTLIER)統計標準差的計算方式與應用說明 7. AI人工智慧文字採勘技術簡介 8. 實務案例上機演練一：資料分析上練習(OPEN DATA與內部帳務資料) 9. 實務案例上機演練二：資料驗證與分析 10. 實務案例上機演練三：異常離群分析查核-費用科目 11. 實務案例上機演練四：離群離群分析查核-子公司監理 12. 實務案例上機演練五：請款內容異常文字採勘查核--文字雲 13. 實務案例上機演練六：請款內容異常文字採勘查核--可疑關鍵字 14. 實務案例上機演練七：請款內容異常偵測查核 15. RPA流程自動化-費用異常稽核機器人(Audit Robotics)實例演練

2023/03/14(二)運用AI協助SAP ERP查核 以銷售資料分析性複核實例演練

jacksoft AI Audit Expert　　　　🔵 AI稽核實戰演練

運用 AI人工智慧 協助 -SAP ERP銷售資料分析性複核實例演練

ICAEA 國際電腦稽核教育協會認證課程　　　上機實作

課程簡介

SAP稽核已成為全球最熱門的稽核職能需求之一

SAP是目前企業使用最普遍的ERP系統，數以萬計的Table不容易熟悉與了解，致查核人員對SAP常有「不知從何開始查核的疑導」?Jacksoft教育訓練中心準備一系列SAP ERP電腦稽核實務課程，透過實務演練教學方式，可有效協助廣大使用SAP ERP系統的企業，於查核或進行資料分析時所遇到的問題及阻力，協助減輕稽核、財會、資訊或其他工作上需要的人所背負的重大責任與工作負擔。參加此課程可以讓具備國際專業的稽核實務顧問，帶領您體驗如何利用AI人工智慧稽核軟體快速對SAP ERP內的巨量資料進行分析與查核，找出異常，透過案例演練充分了解實務查核技巧、量化查核驗現、發揮稽核價值。

本課程為國際電腦稽核教育協會(ICAEA)認證之課程，教學方式以實際上機操作，搭配實務查核案例演練方式，與一般純談理論與概念的課程不同，可以協助您以最快速有效的方式，將課堂所學習技巧，於查核工作中呈現績效。

課程細節
　　　　　　　　　　回首頁▶▶　　更多認證課程▶▶

課程名稱	運用AI人工智慧協助-SAP ERP銷售資料分析性複核實例演練
時　間	2023/03/14(二) 09:30~16:30 (共6小時; 16:30~16:40測驗)
地　點	台北市大同區長安西路180號3F之2(基泰商業大樓) 【地圖連結】
進修時數	課後可登錄「公開發行公司內部人員在職進修」、「ICAEA持續專業進修(CPE)」、「公務人員進修」，以及「CIA、CCSA、CFSA、CGAP、CISA」等證照之持續進修時數6小時。
課程大綱	1. 分析性複核之數位應用 2. 電子發票與大數據資料分析 3. AI人工智慧新稽核軟體應用簡介 4. 查核案例探討：銷貨資料異常滲水 5. 利用AI稽核軟體進行銷貨資料分析性複核資務個案演練與個案情境說明 6. AI人工智慧稽核查核機劃書撰寫技巧 7. SAP ERP系統資料抓取實作演練 8. AI稽核軟體資料驗證技巧說明 9. 指令實習：Classify, Statistics, Computed Fields等指令使用 10. 驗證值括采幅提列正確性資作演練 11. 運用分析技巧找出異常帳服主管常重點資作演練 12. AI人工智慧稽核進行銷貨異常寫偵防情測將續稽核實作練習

更多課程請上官網查詢www.jacksoft.com.tw或連繫課程專員02-25557886#165　　169

透過AI智能稽核提升競爭力

170

JCAATs 學習筆記：

_____

_____

_____

_____

_____

_____

_____

171

歡迎加入 ICAEA Line 群組
~免費取得更多電腦稽核
應用學習資訊~

「法遵科技」與「電腦稽核」專家

jacksoft
www.jacksoft.com.tw

傑克商業自動化股份有限公司　　台北市大同區長安西路180號3F之2(基泰商業大樓) 知識網:www.acl.com.tw
　　　　　　　　　　　　　　　　TEL:(02)2555-7886　　FAX:(02)2555-5426　　E-mail:acl@jacksoft.com.tw

172

參考文獻

1. 黃士銘，2022，ACL 資料分析與電腦稽核教戰手冊(第八版)，全華圖書股份有限公司出版，ISBN 9786263281691.

2. 黃士銘、嚴紀中、阮金聲等著(2013)，電腦稽核－理論與實務應用(第二版)，全華科技圖書股份有限公司出版。

3. 黃士銘、黃秀鳳、周玲儀，2013，海量資料時代，稽核資料倉儲建立與應用新挑戰，會計研究月刊，第 337 期，124-129 頁。

4. 黃士銘、周玲儀、黃秀鳳，2013，"稽核自動化的發展趨勢"，會計研究月刊，第 326 期。

5. 黃秀鳳，2011，JOIN 資料比對分析-查核未授權之假交易分析活動報導，稽核自動化第 013 期，ISSN:2075-0315。

6. 黃士銘、黃秀鳳、周玲儀，2012，最新文字探勘技術於稽核上的應用，會計研究月刊，第 323 期，112-119 頁。

7. 2022，ICAEA，"國際電腦稽核教育協會線上學習資源"
https://www.icaea.net/English/Training/CAATs_Courses_Free_JCAATs.php

8. 2015，AICPA，"Audit Data Standards"
https://us.aicpa.org/interestareas/frc/assuranceadvisoryservices/auditdatastandards

9. Python，
https://www.python.org/

10. Galvanize，2021，"Death of the tick mark"
https://www.wegalvanize.com/assets/ebook-death-of-tickmark.pdf

11. 蘋果新聞網，2017，"【扯】同車同址年撞 4 次　大數據揪假車禍詐保"
https://tw.appledaily.com/new/realtime/20171222/1264442/

12. 年代新聞，2017，"快檢查信用卡帳單! 爆逾"3 萬筆"遭重複扣款"
https://www.youtube.com/watch?v=qAfblQq_I6U

13. Pyrus Blog，2016，"Duplicate Payment? Here's How To Never Pay The Same Invoice Twice"
https://pyrus.com/en/blog/duplicate-payment

14. Strategic Audit Solutions，2023，"DUPLICATE PAYMENT AUDITS"
https://www.sasrecovery.com/services/duplicate-payment-audit/

15. Bill，2023，"How to Prevent Duplicate Payments"
https://www.bill.com/learning/payments/duplicate-payments

16. CAATs，2022，"Duplicates Invoices – Root Cause Analysis"
https://caats.ca/2022/06/10/duplicates-invoices-root-cause-analysis/

17. SAPDatasheet，
http://www.sapdatasheet.org/abap/tabl/M/index-k.html

18. Clay-Technology World，2020，"[NLP] 文字探勘中的 TF-IDF 技術"
https://clay-atlas.com/blog/2020/08/01/nlp-%E6%96%87%E5%AD%97%E6%8E%A2%E5%
8B%98%E4%B8%AD%E7%9A%84-tf-idf-%E6%8A%80%E8%A1%93/

19. JiunYi Yang (JY)，2019，"【資料分析概念大全│認識文本分析】給我一段話，我告訴你重點在哪：對文本重點字詞加權的 TF-IDF 方法"
https://medium.com/datamixcontent-lab/%E6%96%87%E6%9C%AC%E5%88%86%E6%9E
%90%E5%85%A5%E9%96%80-%E6%A6%82%E5%BF%B5%E7%AF%87-%E7%B5%A6
%E6%88%91%E4%B8%80%E6%AE%B5%E8%A9%B1-%E6%88%91%E5%91%8A%E8%
A8%B4%E4%BD%A0%E9%87%8D%E9%BB%9E%E5%9C%A8%E5%93%AA-%E5%B0
%8D%E6%96%87%E6%9C%AC%E9%87%8D%E9%BB%9E%E5%AD%97%E8%A9%9E
%E5%8A%A0%E6%AC%8A%E7%9A%84tf-idf%E6%96%B9%E6%B3%95-f6a2790b4991

20. IIA，2021，"2021 INTERNATIONAL CONFERENCE"

21. Galvanize，"Connecting to SAP"
https://help.highbond.com/helpdocs/analytics/141/user-guide/en-us/Content/defining_importin
g_data/data_access_window/connecting_to_sap.htm?Highlight=SAP

國家圖書館出版品預行編目(CIP)資料

運用 AI 人工智慧協助 SAP ERP 重複付款電腦稽核實
例演練 / 黃秀鳳作. -- 1 版. -- 臺北市 : 傑克
商業自動化股份有限公司, 2023.02
面 ; 公分. --(國際電腦稽核教育協會認證
教材)(AI 智能稽核實務個案演練系列)
ISBN 978-626-97151-0-7(平裝附數位影音光碟)

1.CST: 稽核 2.CST: 管理資訊系統 3.CST: 人
工智慧

494.28   112001898

運用 AI 人工智慧協助 SAP ERP 重複付款電腦稽核實例演練

作者 / 黃秀鳳

發行人 / 黃秀鳳

出版機關 / 傑克商業自動化股份有限公司

地址 / 台北市大同區長安西路 180 號 3 樓之 2

電話 / (02)2555-7886

網址 / www.jacksoft.com.tw

出版年月 / 2023 年 02 月

版次 / 1 版

ISBN / 978-626-97151-0-7

作者簡介

黃秀鳳 Sherry

現　　任

傑克商業自動化股份有限公司　總經理

ICAEA 國際電腦稽核教育協會　台灣分會　會長

台灣研發經理管理人協會　秘書長

專業認證

國際 ERP 電腦稽核師(CEAP)

國際鑑識會計稽核師(CFAP)

國際內部稽核師(CIA)　全國第三名

中華民國內部稽核師

國際內控自評師(CCSA)

ISO 14067:2018 碳足跡標準主導稽核員

ISO27001 資訊安全主導稽核員

ICEAE 國際電腦稽核教育協會認證講師

ACL Certified Trainer

ACL 稽核分析師(ACDA)

學　　歷

大同大學事業經營研究所碩士

主要經歷

超過 500 家企業電腦稽核或資訊專案導入經驗

中華民國內部稽核協會常務理事/專業發展委員會　主任委員

傑克公司　副總經理/專案經理

耐斯集團子公司　會計處長

光寶集團子公司　稽核副理

安侯建業會計師事務所　高等審計員